应用型大学计算机专业系列教材

U0378237

中小企业网站
建设与管理

王　耀　王爱赪　主　编
付　芳　刘靖宇　副主编

清华大学出版社
北　京

内 容 简 介

本书紧密结合国内外网站建设发展的新特点,根据网站建设与管理的基本流程,通过一个前后连贯的中小企业网站建设实例,介绍了网站策划,域名和服务器规划,平台工具规划,版面布局,建站工具,网站测试与上传,网站推广,网站评价、管理和升级等基本理论知识,并通过实践课堂加强技能训练,提高应用能力。

本书知识系统、概念清晰、案例鲜活、贴近实际,注重技术与实践应用相结合。本书既可作为本科院校计算机应用、网络管理和电子商务等专业的教材,也可作为企业信息化培训教材,并可为中小企业网站建设从业者及管理者提供有益的学习指导。

本书封面贴有清华大学出版社防伪标签,无标签者不得销售。

版权所有,侵权必究。 举报:010-62782989,beiqinquan@tup.tsinghua.edu.cn。

图书在版编目(CIP)数据

中小企业网站建设与管理/王耀,王爱赪主编. --北京:清华大学出版社,2016(2023.8重印)
应用型大学计算机专业系列教材
ISBN 978-7-302-42902-9

Ⅰ. ①中… Ⅱ. ①王… ②王… Ⅲ. ①中小企业-网站-开发-高等学校-教材 ②中小企业-网站-管理-高等学校-教材 Ⅳ. ①TP393.092

中国版本图书馆 CIP 数据核字(2016)第 030037 号

责任编辑:王剑乔
封面设计:常雪影
责任校对:李 梅
责任印制:朱雨萌

出版发行:清华大学出版社
    网 址:http://www.tup.com.cn,http://www.wqbook.com
    地 址:北京清华大学学研大厦 A 座   邮 编:100084
    社 总 机:010-83470000   邮 购:010-62786544
    投稿与读者服务:010-62776969,c-service@tup.tsinghua.edu.cn
    质量反馈:010-62772015,zhiliang@tup.tsinghua.edu.cn
    课件下载:http://www.tup.com.cn,010-62770175-4278
印 装 者:涿州市般润文化传播有限公司
经 销:全国新华书店
开 本:185mm×260mm 印 张:14   字 数:318千字
版 次:2016 年 5 月第 1 版   印 次:2023 年 8 月第 8 次印刷
定 价:39.00 元

产品编号:067536-02

编审委员会

主　任：牟惟仲

副主任：林　征　　冀俊杰　　张昌连　　吕一中　　梁　露　　鲁彦娟
　　　　张建国　　王　松　　车亚军　　王黎明　　田小梅　　李大军

编　委：林　亚　　沈　煜　　孟乃奇　　侯　杰　　吴慧涵　　鲍东梅
　　　　赵立群　　孙　岩　　刘靖宇　　刘晓晓　　刘志丽　　邵晶波
　　　　郭　峰　　张媛媛　　陈　默　　王　耀　　高　虎　　关　忠
　　　　吕广革　　吴　霞　　李　妍　　温志华　　于洪霞　　王　冰
　　　　付　芳　　王　洋　　陈永生　　武　静　　尚冠宇　　王爱赪
　　　　都日娜　　董德宝　　韩金吉　　董晓霞　　金　颖　　赵春利
　　　　张劲珊　　刘　健　　潘武敏　　赵　玮　　李　毅　　赵玲玲
　　　　范晓莹　　张俊荣　　李雪晓　　唐宏维　　柴俊霞　　翟　然

总　编：李大军

副总编：梁　露　　孙　岩　　刘靖宇　　刘晓晓　　赵立群　　于洪霞

专家组：梁　露　　冀俊杰　　张劲珊　　董　铁　　邵晶波　　吕广革

PREFACE

微电子技术、计算机技术、网络技术、通信技术、多媒体技术等高新科技日新月异的飞速发展和普及应用，不仅有力地促进了各国经济发展、加速了全球经济一体化的进程，而且促进着当今世界迅速跨入信息社会。以计算机为主导的计算机文化，正在深刻地影响人类社会的经济发展与文明建设；以网络为基础的网络经济，正在全面地改变传统社会生活、工作方式和商务模式。当今社会，计算机应用水平、信息化发展速度与程度，已经成为衡量一个国家经济发展和竞争力的重要指标。

目前我国正处于经济快速发展与社会变革的重要时期，随着经济转型、产业结构调整、传统企业改造，涌现了大批电子商务、新媒体、动漫、艺术设计等新型文化创意产业，而这一切都离不开计算机，都需要网络等现代化信息技术手段的支撑。处于网络时代、信息化社会，今天人们所有工作都已经全面实现了计算机化、网络化，当今更加强调计算机应用与行业、与企业的结合，更注重计算机应用与本职工作、具体业务的紧密结合。当前，面对国际市场的激烈竞争和巨大的就业压力，无论是企业还是即将毕业的学生，掌握好计算机应用技术已成为求生存、谋发展的关键技能。

没有计算机就没有现代化！没有计算机网络就没有我国经济的大发展！为此，国家出台了一系列关于加强计算机应用和推动国民经济信息化进程的文件及规定，启动了"电子商务、电子政务、金税"等具有深刻含义的重大工程，加速推进"国防信息化、金融信息化、财税信息化、企业信息化、教育信息化、社会管理信息化"，全社会又掀起新一轮计算机应用的学习热潮，因此，本套教材的出版具有特殊意义。

针对我国应用型大学"计算机应用"等专业知识老化、教材陈旧、重理论轻实践、缺乏实际操作技能训练等问题，为了适应我国国民经济信息化发展对计算机应用人才的需要，为了全面贯彻教育部关于"加强职业教育"精神和"强化实践实训、突出技能培养"的要求，根据企业用人与就业岗位的真实需要，结合应用型大学"计算机应用"和"网络管理"等专业的教学计划及课程设置与调整的实际情况，我们组织北京联合大学、陕西理工学院、北方工业大学、华北科技学院、北京财贸职业学院、山东滨州职业学院、山西大学、首钢工学院、包头职业技术学院、北京科技大学、广东理工学院、北京城市学院、郑州大学、北京朝阳社区学院、哈尔滨师范大学、黑龙江工商大学、北京石景山社区学院、海南职业学院、北京西城经济科学大学等全国 30 多所高校及高职院校的计算机教师和具有丰富实践经验的企业人士共同撰写了此套教材。

本套教材包括《ASP. NET 动态网站设计与制作》《数据库技术应用教程（SQL Server 2012 版）》《Web 静态网页设计与排版》《中小企业网站建设与管理》等。在编写过程中，全体作者注意坚持以科学发展观为统领，严守统一的创新型案例教学格式化设计，采取任务制或项目制写法；注重校企结合，贴近行业企业岗位实际，注重实用性技术与应用能力的训练培养，注重实践技能应用与工作背景紧密结合，同时也注重计算机、网络、通信、多媒体等现代化信息技术的新发展，具有集成性、系统性、针对性、实用性、易于实施教学等特点。

　　本套教材不仅适合应用型大学及高职高专院校计算机应用、网络、电子商务等专业学生的学历教育，同时也可作为工商、外贸、流通等企事业单位从业人员的职业教育和在职培训，对于广大社会自学者也是有益的参考学习读物。

系列教材编委会
2016 年 1 月

FOREWORD

随着计算机技术与网络通信技术的飞速发展,计算机网络应用已经渗透到社会经济领域的各个方面。中小企业网站建设与管理既是信息化推进的基础,也是网络经济发展的关键环节。

网络经济促进国民经济快速发展,企业网站运营作为现代科技进步催生的新型生产力,不仅在拉动内需、解决就业、扩大经营、促进经济发展、加速传统产业升级、提高企业竞争力等方面发挥着重要作用,而且也在彻底改造企业的经营管理,并在深刻地改变着企业商务活动的运作模式,因而越来越受到各级政府和各类企业的重视。

随着世界经济一体化进程的加快,面对全球经济的迅猛发展与国际化市场的激烈竞争,企业要生存、发展,就必须加强网站建设与管理,就必须强化企业网站建设与管理操作型应用人才的培养,这既是我国各类企业加快与国际经济接轨的战略选择,也是本书出版的目的和意义。

中小企业网站建设与管理是高等院校计算机应用和网络管理专业重要的核心课程,也是大学生就业和创业的先决必要条件和必须掌握的关键技能。

当前,我国正处于经济改革与社会发展的关键时期,随着国民经济信息化、企业信息技术应用的迅猛发展,面对 IT 市场的激烈竞争、面对就业上岗的巨大压力,无论是即将毕业的计算机应用、网络专业学生,还是在岗的 IT 工作者,努力学好网站建设与管理的知识和技术,真正掌握现代化网络设计、规划、管理,对于今后的发展都具有重要意义。

本书作为高等教育应用型大学本科及高职高专院校计算机应用和网络管理专业的特色教材,全书共 9 章,以学习者应用能力培养为主线,坚持科学发展观,紧密结合国内外网站建设发展的新特点,根据网站建设与管理的基本过程和规律,围绕中小企业网站建设与管理所涉及的各工作环节和流程,具体介绍网站策划,域名和服务器规划,平台工具规划,版面布局,建站工具,网站测试与上传,网站推广,网站评价、管理和升级等基本理论知识,并通过实践课程加强技能训练,提高应用能力。

本书由李大军统筹策划并具体组织编写,王耀和王爱赪任主编,王耀统改稿,付芳和刘靖宇任副主编,由我国信息化网络专家吕广革高级工程师审定。作者编写分工:牟惟仲编写序言,王耀编写第 1 章、第 6 章和第 8 章,王爱赪编写第 2 章和第 4 章,付芳编写第 3 章,金颖编写第 5 章,陈默编写第 7 章,刘靖宇编写第 9 章;华燕萍、李晓新进行文字和版式整理并制作教学课件。

在编写过程中,参阅了中外有关企业网站建设与管理的最新书刊、企业案例、网络资料以及国家历年颁布实施的相关法规和管理规定，并得到计算机行业协会及业界专家教授的具体指导，在此一并致谢。

为了方便教学，本书配有电子课件，读者可以从清华大学出版社网站（www. tup. com. cn）免费下载使用。

因网站建设技术发展日新月异，加之作者水平有限，书中难免存在不妥之处，敬请广大读者批评指正。

编　者

2016 年 2 月

CONTENTS

第 1 章

绪　论

学习目标

➤ 了解网站建设与管理的流程。
➤ 了解网页制作技术。
➤ 掌握网站的类型和特点。

1.1　课程内容与课程定位

中小企业网站建设与管理是一门涉及计算机应用技术、计算机网络技术等专业的专业课程，也是一门技术性、应用性和综合性很强的课程，是计算机相关专业在 Web 技术方向上的核心课程。它是继学习计算机网络基础、数据库基础、静态网页设计和动态网页设计等课程的基础上，开设的一门与未来实际工作直接接轨的实用性课程。

具体来说，《中小企业网站建设与管理》主要讲授以下几方面的内容。

1. 网站规划

网站规划主要分为需求分析、可行性分析、确定网站主题及内容、划分网站功能和栏目，选择技术方案、制订资源分配计划、确定实施方案等内容。

2. 网站设计

网站设计是将网站规划中的内容、网站的主题模式等要求以艺术的手法表现出来，是一个把软件需求转换成用网站表示的过程，包括美工设计、前端页面设计和后台功能设计。

3. 网站测试

网站测试是在网站交付给用户使用或者正式投入运行之前和之后，对网站的需求规格说明、设计规格说明和编码的最终复审，是保证网站质量和正常运行的关键步骤。网站测试是为了发现错误而运行网站的过程。

4. 网站上传

通过 FTP 工具等方式将设计的网站上传到服务器的过程。一般网站上传需要对网站文件和网站的数据库分别上传。

5. 网站推广

网站推广就是让更多的人知道自己的网站,包括百度推广、博客推广、微博推广、论坛推广、搜索引擎推广等手段。

6. 网站管理与维护

网站管理与维护就是对运行的网站进行维护、更新,并配置专门的管理人员完成日常管理。

【小贴士】

常有人将"网站建设"与"网页设计"课程混为一谈。事实上,"网站建设"与"网页设计"是既有联系又有区别的两个概念。

"网页设计"主要是指"网页制作",它是关于网页页面的设计和制作技术,好比修房子时砌砖、抹水泥、扎钢筋等工作;而"网站建设"讲授的是设计网站建设的前期准备策划,硬件、软件的准备,网站设计,网站的发布,后期的推广运营等网站总体设计方法,就好比工程建设里面的规划设计,如房子修在哪、修几层、房屋结构是什么样的等内容。"网站建设"中包含网页设计的内容,但内涵更广泛。

课程定位与就业关系如图 1-1 所示。

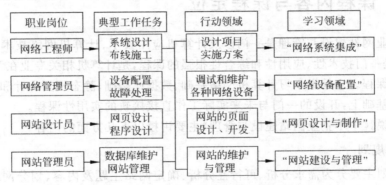

图 1-1　"中小企业网站建设与管理"课程定位

综合来说,"网站建设与管理"是一门集网络技术、网页制作技术、网页程序设计、数据库技术、网站管理、项目管理等知识于一体的综合性学科。

1.2　网站建设与管理的基本流程

网站建设主要由企业客户和开发方两方面共同完成。图 1-2 显示了网站建设与管理的流程。在实际中,网站建设的步骤略有不同。一般来说,开发方在签订合同前,不会进

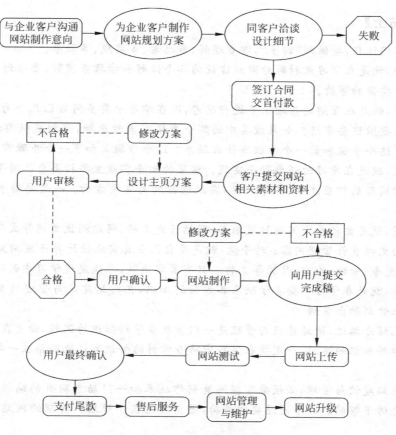

图 1-2　网站建设与管理流程

行特别详细的规划,可能只是给出一个大概的规划方案,签订合同后才会给出比较详细的规划和建设方案。本教材的后续章节将陆续讲述网站建设的各个流程。

🔔【小贴士】

本教材名为《中小企业网站建设与管理》,其中"中小企业"的限定词将对网站建设的规模、投入的资金、运作方式等有影响,但对网站建设和管理的流程而言,并没有影响,因为不论是大型企业,还是中小企业,其网站建设的步骤都是类似的。

至于中小企业和大型企业的区别,在不同的国家和地区及不同的行业也都是有区别的。

一般而言,由于中小企业的资金规模不是很大,因此在网站建设中必然受到资金投入的影响,因而在做网站策划时就要充分考虑这一情况,网站建设的可行性分析、建设方式、资金预算、网站推广等后续工作都不能脱离"中小企业"这一特点,而要选择符合实际的最佳方案。

【小贴士】

学习本门课程,要做到"四多",即多理解、多思考、多实践、多联系。

多理解,就是在学习教材时对网站建设的各个流程和步骤多理解,要做到掌握和理解每个步骤中要做的事情。

多思考,就是在理解的基础上多进行思考,即在学习中要多问自己几个为什么:这步流程为什么要做这些事情?如果做其中的某个事情有多种选择,那到底做哪种选择才是最有利的?这个步骤和前一个步骤有什么联系?这个步骤又和下一个步骤有什么联系?

多实践,就是在学习时还要动手实践。这里的动手实践主要指要自己动手去操作,实际完成示例网站的相应流程,具体来说,实践包括两大重要方面:一是要动手写,二是要动手做。

动手写,就是要动手去写网站策划书、网站开发文档、网站测试文档等文字内容,体会网站开发的文档资料管理内容;动手做,就是要自己去真实地设计并开发网站,并完成相应的上传、发布、管理、推广、升级等工作。只有真实地做,才能发现学习中的问题。

多联系,就是在学习中要善于联系各方面的知识,在网站建设与管理的实践中,将相关知识真正做到融会贯通。

前面已经介绍过,网站建设与管理是一门涉及多学科知识的课程,读者在学习中要注意体会多学科知识的运用,一定要在实践中将多学科的知识有机地联系在一起,加以思考和分析。

学习网站建设与管理,必须要掌握网页制作技术和一门动态网页的编程语言。但仅有技术是远远不够的。一个网站要想成功,更重要的在于规划。前期的网站策划工作更为重要。

本教材每章前都有关于这一章内容的学习目标,每章后面还有这一章的小结和练习,第2～9章中还有动手操作的实训练习,希望读者在学习中要仔细体会,认真实践,以便真正学好这门课程。

1.3　网站建设与管理的基本概念

1.3.1　网页与网站

常有人将"网页"与"网站"相混淆,实际上这两者之间是既有区别又有联系的。

网站是有独立域名、独立存放空间的内容集合,这些内容可能是网页,也可能是程序或其他文件,不一定要有很多网页。只要有独立的域名和空间,哪怕只有一个页面也叫网站。

网页是网站的组成部分,即便有很多网页,但没有独立的域名和空间也只能说是网页,如 Blog、企业建站系统里的企业页面、多用户商城里的商户等,尽管有很多页面,功能也齐全,但都不能叫网站。

"网站建设与管理"讲的内容主要是对网站的规划、设计、上传、测试、管理、推广等,其中包括网页制作的内容,但重点不是讲如何制作网页。

1.3.2 静态页面与动态页面

网页是网站的组成单位。

静态页面是指网页的代码都在页面中,不需要执行 ASP、PHP、JSP、ASP. NET 等程序生成客户端网页代码的网页。静态页面不能自主管理、发布和更新,如果想更新网页内容,需要将页面修改后重新上传到 Web 服务器。常见的静态页面以 . html 或 . htm 为扩展名。

动态页面是指通过执行 ASP、PHP、JSP、ASP. NET 等程序生成客户端网页代码的网页。动态页面通常可以通过网站后台管理系统对网站的内容进行更新管理。发布新闻、发布公司产品、论坛、博客或网上调查等,都是动态网页的功能。动态页面常见的扩展名有 . asp、. php、. jsp、. aspx、. cgi 等。

1. 静态网页的优势

静态页面与动态页面相比,具有以下几方面优势。

(1) 响应速度快。在同等条件下。一个静态页面要比动态页面快得多。对于频繁访问的用户来说,静态页面的客户端缓存也有助于用户快速访问。

(2) 服务器资源占用少。静态页面不需要数据库的支持,不需要服务器端应用程序的计算。

(3) 对于大量的用户访问,生成静态页面的优势更明显。像新浪、网易等用户访问量很大的网站都采用静态页面的技术。

(4) 页面和应用程序是分离的,这样即使有应用程序方面的错误,访问的用户也是看不到的,从而有利于后台数据的安全。

(5) 便于搜索引擎收录。

2. 动态网页的优势

动态网页与静态网页相比,则具有以下两方面优势。

(1) 动态网页以数据库技术为基础,可以大大减少网站维护的工作量。

(2) 采用动态网页技术的网站可以实现更多的功能,如用户注册、用户登录、在线调查、用户管理、订单管理等。

因此,在网站建设中,选择使用动态网页还是静态网页,取决于网站的实际需求,并非动态网页就比静态网页有优势。而实际上,很多网站都同时具有静态网页和动态网页,以达到最好的客户体验和使用效果。

1.3.3 网站运行平台

一个网站要想让用户可以通过互联网正常进行访问,必须要有硬件服务器、带宽和网站的运行平台。硬件服务器和带宽可以通过购买或租赁的方式得到(将在后面章节中专门介绍,这里不再单独介绍),而网站的运行平台则包括操作系统和 Web 服务器。

(1) 网站运行的操作系统主要有 Windows Server 和 Linux 等。

Windows 平台主要有 Windows Server 2003、Windows Server 2008、Windows Server

2012 等服务器操作系统。它是微软公司的产品，由于目前个人计算机中使用 Windows 操作系统的人较多，因此采用 Windows Server 平台运行网站的使用者不在少数。使用 Windows 平台的成本较为昂贵。

Linux 平台有 Debian、CentOS、Redhat 等。Linux 是开源软件，有些是免费的，有些虽然要付费，但成本相对 Windows 来说要低很多。

（2）网站要架设在操作系统上，还必须有 Web 服务器的支持。

Web 服务器是指驻留于互联网上某种类型计算机的程序。当 Web 浏览器（客户端）连到服务器上并请求文件时，Web 服务器将处理该请求并将文件反馈到该浏览器上，附带的信息会告知浏览器如何查看该文件（即文件类型）。

由于 Web 服务器使用 HTTP（超文本传输协议）与客户机浏览器进行信息交流，人们常把它称为 HTTP 服务器。

下面是网站建设中常用的 Web 服务器。

① Apache。Apache 是世界使用排名第一的 Web 服务器软件，它可以运行在几乎所有广泛使用的计算机平台上。Apache 取自 a patchy server 的读音，意思是充满补丁的服务器，它源于 NCSAhttpd 服务器。因为它是自由软件，所以不断有人来为它开发新的功能、新的特性，修改原来的缺陷。Apache 的特点是简单、速度快、性能稳定，并可做代理服务器使用。

② IIS。IIS(Internet Information Server)译成中文是"Internet 信息服务"。它是微软公司主推的服务器，最新的版本是 Windows Server 2012，里面包含的是 IIS 8。IIS 与 Windows Server 完全集成在一起，因而用户能够利用 Windows Server 和 NTFS(NT File System，NT 文件系统)内置的安全特性，建立强大、灵活而安全的 Internet 和 Intranet 站点。

目前，使用最广泛、最稳定的版本是运行在 Windows Server 2008 R2 上的 IIS 7.5。

③ GFE。GFE 是 Google 的 Web 服务器，最近几年用户数量激增，紧逼 IIS。

④ Nginx。Nginx 不仅可以做一个小巧且高效的 HTTP 服务器，也可以做一个高效的负载均衡反向代理，通过它接收用户的请求并分发到多个 Mongrel 进程可以极大提高 Rails 应用的并发能力。

⑤ Lighttpd。Lighttpd 是由德国人 Jan Kneschke 领导开发的，基于 BSD 许可的开源 Web 服务器软件，其根本目的是提供一个专门针对高性能网站，安全、快速、兼容性好并且灵活的 Web 服务器环境。具有非常低的内存开销、CPU 占用率低、效能好以及丰富的模块等特点。

Lighttpd 是众多 OpenSource 轻量级的 Web 服务器中较为优秀的一个。支持 FastCGI、CGI、Auth、输出压缩、URL 重写和 Alias 等重要功能。

⑥ Sun Java System Web Server。它是 Oracle 公司的 Java 系统 Web 服务器，也就是以前的 Sun ONE Web Server。主要出现在那些运行 Sun 的 Solaris 操作系统的关键任务级 Web 服务器上。

⑦ Tomcat。Tomcat 是 Apache 软件基金会（Apache Software Foundation）的 Jakarta 项目中的一个核心项目，由 Apache、Oracle 和其他一些公司及个人共同开发

而成。

　　由于有了 Oracle 的参与和支持,最新的 Servlet 和 JSP 规范总是能在 Tomcat 中得到体现。因为 Tomcat 技术先进、性能稳定,而且免费,因而深受 Java 爱好者的喜爱并得到了部分软件开发商的认可,成为目前比较流行的 Web 应用服务器。

1.3.4　浏览器

　　浏览器是指可以显示网页服务器或者文件系统的 HTML 文件内容,并让用户与这些文件交互的一种软件。网页浏览器主要通过 HTTP 协议与网页服务器交互并获取网页,这些网页由 URL 指定,文件格式通常为 HTML,并在 MIME 在 HTTP 协议中指明。

　　常用的浏览器有 Internet Explorer、Firefox、Safari、Opera、Google Chrome、百度浏览器、搜狗浏览器、猎豹浏览器、360 浏览器、QQ 浏览器、UC 浏览器、遨游浏览器和世界之窗浏览器等。

　　在设计网页时,面临最大的挑战就是应对不同的浏览器、操作系统和硬件平台。虽然大多数 HTML 元素都可以在浏览器中显示并稳定地运行,但是在执行某些脚本语言时,不同的浏览器会表现出不同的特点。

1. 浏览器类型、版本与网站访问者之间的关系

　　不同浏览器对不同网页的显示效果是不同的。同一浏览器的不同版本对同一页面的显示效果也有差距。因此在设计网页时要充分考虑不同浏览器和浏览器不同版本之间的差距。

　　图 1-3 和图 1-4 分别是利用猎豹浏览器和遨游浏览器在同一台计算机上以同样的显示分辨率查看同一个网站(爸妈网)的首页显示截图,通过对比可以发现,这个网站在两个浏览器中显示的是不一样的:遨游浏览器中显示的页面左侧的边距明显小于猎豹浏览器中的,这就是浏览器对网页代码解析不同造成的。

图 1-3　使用猎豹浏览器查看爸妈网主页

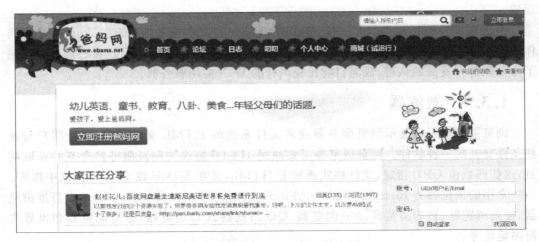

图 1-4　使用遨游浏览器查看爸妈网主页

2. 浏览器与网页制作技术之间的关系

网页设计时要选用正确的技术,避免不同浏览器对某些技术不支持的情况出现。

3. 网页兼容性问题

在设计网页时需要考虑不同浏览器之间的区别,使用的功能也要考虑浏览器之间的兼容性。

1.3.5　网页制作技术

1. HTML

在所有的网页制作技术中,HTML 是网页制作的基础,是学习网页制作必学的内容之一。HTML(HyperText Markup Language,超文本标记语言)是一种制作万维网页面的标准语言,是目前网络上应用最为广泛的语言,也是构成网页文档的主要语言。

HTML 文件是由 HTML 命令标记组成的描述性文本,HTML 命令包括文字、图形、动画、声音、表格、链接等。HTML 文件的结构包括头部(head)、主体(body)两大部分,其中头部描述浏览器所需的信息,而主体则包含所要说明的具体内容。用 HTML 编写的文档属于纯文本类型,HTML 独立于各种操作平台。

2. XML

XML(Extensible Markup Language,可扩展标记语言)是 HTML 语言的补充。它可以用来标记数据、定义数据类型,是一种允许用户对自己的标记语言进行定义的源语言。

XML 非常适合万维网传输,提供统一的方法来描述和交换独立于应用程序或供应商的结构化数据,是 Internet 环境中跨平台的、依赖于内容的技术,也是当今处理分布式结构信息的有效工具。在使用中,HTML 语言用来表现数据,XML 设计用来传送及携带数据信息,不用来表现或展示数据。

3. CGI

CGI(Common Gateway Interface,通用网关接口)是 WWW 技术中重要的技术之一。它是最早 Web 数据库连接技术,大多数 Web 服务器都支持这项技术。

程序员可以依赖任何一种语言来编写 CGI 程序。它是介于服务器和外部应用程序之间的通信协议,它可与 Web 浏览器进行交互,也可以通过数据库的接口与数据库服务器进行通信。如将从数据库中获得的数据转化为 HTML 页面,然后由 Web 服务器发送给浏览器,也可以从浏览器获得数据,存入指定数据库中。

4. CSS

CSS(Cascading Style Sheets,层叠样式表)是能够真正做到网页表现与内容分离的一种样式设计语言。

相对于传统 HTML 的表现而言,CSS 能够对网页中的对象位置排版进行像素级的精确控制,支持几乎所有的字体字号样式,拥有对网页对象和模型样式编辑的能力,并能够进行初步交互设计,是目前基于文本展示最优秀的表现设计语言。借助 CSS 的强大功能,将使网页的内容更加丰富。

5. JavaScript

JavaScript 属于脚本语言,编写容易,不需要很深的编程经验。JavaScript 语言是通过嵌入或整合在标准 HTML 语言中实现的,也就是说,JavaScript 的程序是直接加入在HTML 文档里,当浏览器读取到 HTML 文件中 JavaScript 的程序,就立即解释并执行有关操作,无须编译器,其运行速度比 JavaApplet 要快得多。

现在 JavaScript 已经成为制作动态网页必不可少的元素,在网页上看到的动态按钮、滚动字幕就是用 JavaScript 技术制作的。

6. ASP

ASP(Active Server Pages,活动服务器页面)包括 ActiveX 技术,运行在服务器端,返回标准的 HTML 页面。ActiveX 技术采用封装对象,程序调用对象的技术,简化编程,强化程序间的合作。只要在服务器上安装这些组件,通过访问组件就可以快速、简易地建立Web 应用。采用运行在服务器端的技术就不必担心浏览器是否支持 ASP 所使用的编程语言的通用性。

浏览者在使用浏览器查看页面源文件时,可以看到 ASP 生成的 HTML 代码,而不是ASP 程序代码。这样提高了网站的安全性,有利于知识产权的保护。在创建电子商务网站时,ASP 主要用于动态网页的制作。ASP 默认的脚本语言有 VBScript 和 JScript。采用 ASP 技术编写的网页扩展名是.asp。

7. ASP. NET

ASP. NET 是 ASP 的升级版,但与 ASP 有很大的区别,它是.NET FrameWork 的一部分,是微软公司的技术,是一种使嵌入网页中的脚本可由互联网服务器执行的服务器端脚本技术,它可以在通过 HTTP 请求文档时再在 Web 服务器上动态创建它们。

ASP. NET 是一个已编译的、基于.NET 环境,把基于通用语言的程序在服务器上运行的技术。将程序在服务器端首次运行时进行编译，比 ASP 即时解释程序速度上要快很多，而且是可以用任何与.NET 兼容的语言。使用 ASP.NET 技术用得最多的语言是 C♯（读 C sharp）。用 ASP.NET 编写的网页文件扩展名为.aspx。

8. PHP

PHP(Personal Home Page,个人主页)现在已经改名为 Hypertext Preprocessor(超文本预处理器)。它是一种通用开源脚本语言。语法吸收了 C 语言、Java 和 Perl 的特点，利于学习，使用广泛，主要适用于 Web 开发领域。PHP 独特的语法混合了 C、Java、Perl 及 PHP 自创的语法。它可以比 CGI 或者 Perl 更快速地执行动态网页。

用 PHP 做出的动态页面与其他的编程语言相比，PHP 是将程序嵌入 HTML 文档中去执行，执行效率比完全生成 HTML 标记的 CGI 要高很多；PHP 还可以执行编译后代码，编译可以达到加密和优化代码运行，使代码运行更快。目前使用 PHP 开发网页的网站数量越来越多。使用 PHP 技术编写的网页扩展名为.php。

9. JSP

JSP(Java Server Pages,Java 服务器页面)是一个简化的 Servlet 设计，由 Sun Microsystems 公司倡导、许多公司参与一起建立的一种动态网页技术标准。JSP 技术有点类似 ASP 技术，它是在传统的网页 HTML 文件中插入 Java 程序段(Scriptlet)和 JSP 标记(tag)，从而形成 JSP 文件，扩展名为 *.jsp。

用 JSP 开发的 Web 应用是跨平台的，既能在 Linux 下运行，也能在其他操作系统上运行。但由于它的运行是通过常驻内存来完成的，所以它在一些情况下所使用的内存比起用户数量确实是"最低性能价格比"了。

10. DHTML

DHTML(Dynamic HTML,动态 HTML)，很多人误把 DHTML 当作一种语言，其实 DHTML 仅仅是一个概念——通过各种技术的综合发展而得以实现的概念。这些技术包括 JavaScript、VBScript、DCOM(文件目标模块)、Layers(层)和 CSS 等。

通过 DHTML 加强网页的交互性，对用户的操作在本地就可做实时处理，从而得到更快的用户响应；它还可以使网页的界面更丰富多变，使页面设计者可以随心所欲地表达自己的构思。

【小提示】

动态 HTML 与动态网页是两个不同的概念。动态 HTML 能使网页上的元素动起来(如文字的变色、图片的移动)；而动态网页则是在服务器端动态地生成使用者看到的"静态"网页，而这个网页上的元素并不一定会"动"。

1.3.6　数据库技术

编写动态网页离不开数据库技术的支持。在网站建设中，常用的数据库技术有以下几种。

1. Sybase 数据库

Sybase 数据库是老牌数据库产品,长期以来 Sybase 致力于 Web 数据库功能的开发与利用。新产品可以建立临时的嵌入业务逻辑和数据库连接的 HTML 页面,建立超薄、动态、数据库驱动的 Web 应用。此外,Sybase 数据库技术还可用于管理公司信息,为网站后台管理工作提供技术支持。

2. Oracle 数据库

Oracle 数据库是一种基于 Web 的数据库产品。其功能强大,可以建立直接用于 Internet 上的数据库,也可以建立发展于 Internet 平台的数据库。通过 Oracle 的支持,大大节省了用户用于建立 Web 数据库的开支,使在线进行的商务处理、智能化商务得以实现。由于 Oracle 可以用于管理大型数据库中的多媒体数据,对于电子商务网站十分重要。

3. DB2 数据库

DB2 数据库是 IBM 公司的数据库,作为电子商务倡导者开发的 DB2 数据库具有非常适合电子商务网站功能的先天优势。它提供了对 Web 数据库的有力支持,某些版本提供了在大多数平台的支持,使得该数据库技术广泛应用于电子商务。同时,DB2 支持大型数据仓库操作,提供多种平台与 Web 连接。

4. Informix 数据库

Informix 数据库分别提供了 UNIX 和 Windows NT 平台的 Web 产品。支持多种浏览器的功能,具有数据仓库功能。由于支持 Linux,所以能够提供多种第三方开发工具。在网站数据库建设方面有特殊的地位。

5. SQL Server 数据库

SQL Server 是一个关系数据库管理系统,它由微软公司开发,只能运行在 Windows 平台上。它结合了分析、报表、集成和通知功能,在 SQL Server 2005 之后的版本中,与 Visual Studio 进行了紧密的集成,可以使企业构建和部署经济有效的 BI 解决方案,目前已经和 Oracle、DB2 一起成为三大主流数据库产品。

ASP＋SQL Server 或 ASP. NET＋SQL Server 是比较常见的建设网站的技术组合手段。

6. Access

Access 是微软开发的桌面型关系数据库,Access 以它自己的格式将数据存储在基于 Access Jet 的数据库引擎中。它还可以直接导入或者链接数据(这些数据存储在其他应用程序和数据库)。在很多小型网站中,如一些论坛,采用的是 ASP＋Access 的建设方式。

7. MySQL

MySQL 是一个精巧的、真正的多用户、多线程 SQL 数据库管理系统,而且是开源的数据管理系统。由于它的强大功能、灵活性、丰富的应用编程接口(API)以及精巧的系统结构,受到了广大自由软件爱好者甚至是商业软件用户的青睐,特别是与 Apache 和 PHP/Perl 结合,为建立基于数据库的动态网站提供了强大动力。

MySQL 是以一个客户机/服务器结构的实现,它由一个服务器守护程序 mysqld 以及很多不同的客户程序和库组成。PHP＋MySQL 的方式建设网站是比较流行的做法。

1.3.7　网页制作工具

网页制作技术是指用什么样的方式去制作网页,而网页制作工具则是用什么软件实现网页的制作。这里的网页制作工具既包括制作网页页面的工具,也包括设计网页中所使用图片的工具。

1. 记事本

记事本是最简单的网页制作工具,由于网页最终的成果全部是代码,如果对代码非常熟悉,采用记事本足以实现网页制作。但由于记事本没有任何提示,使用效果并不理想,多数情况下只有在修改个别的代码时才会有人使用记事本。

2. Microsoft FrontPage

Microsoft FrontPage 是微软公司推出的一个入门级的网页制作工具。对 Word 很熟悉的操作者使用 FrontPage 进行网页设计一定很顺手。它是一款"所见即所得"的网页制作工具,带有图形和 GIF 动画编辑器,支持 CGI 和 CSS,具有站点管理功能,其向导和模板都能使初学者在编辑网页时感到更加方便。

它在更新服务器上的站点时,不需要创建更改文件的目录。FrontPage 会自动跟踪文件并复制那些新版本文件。FrontPage 既能在本地计算机上工作,又能通过 Internet 直接对远程服务器上的文件进行工作的软件。其工作界面如图 1-5 所示。

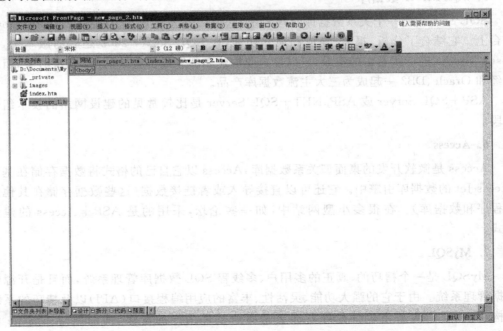

图 1-5　FrontPage 软件工作界面

3. Adobe Dreamweaver

Adobe Dreamweaver(DW,梦想编织者)是美国原 Macromedia 公司(现已被 Adobe 公司并购)开发的集网页制作和管理网站于一身的所见即所得网页编辑器,DW 是针对专业网页设计师的视觉化网页开发工具,利用它可以轻而易举地制作出跨越平台限制和跨越浏览器限制的网页。它使用所见即所得的接口,也有 HTML 编辑的功能。

它有 Mac 和 Windows 系统的版本。Dreamweaver 自 MX 版本开始,使用了 Opera 的排版引擎 Presto 作为网页预览工具,具有强大的站点管理和网页设计功能,是目前多数网页设计师的首选工具。其工作界面如图 1-6 所示。

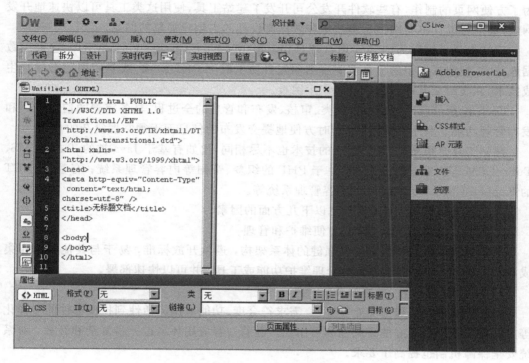

图 1-6　Dreamweaver 软件工作界面

4. Photoshop

Photoshop 是 Adobe 公司推出的一款图像绘制处理软件,以其简单的操作方法和强大的功能,赢得了全世界众多图像制作人员的青睐,并成为图形图像制作和设计领域事实上的标准软件。Photoshop 拥有众多的插件(滤镜)和工具,能够很容易地实现各种图像效果,因此是网页设计中图像设计的首选软件。

5. Flash

Flash 是一种二维矢量动画软件,用于设计和编辑 Flash 文档,目前 Flash 是网页中动画最常用的设计软件。

6. Firework

Firework 是一个强大的网页图形设计工具,可以使用它创建和编辑位图、矢量图形,还可以非常轻松地做出各种网页设计中常见的效果,如翻转图像、下拉菜单等,设计完成以后可以直接输出为 html 文件,还能输出为 Photoshop、Illustrator 和 Flash 等软件可以编辑的格式,为用户一体化的网络设计方案提供支持。

Dreamweaver、Flash 和 Firework 一起被称为网页"三剑客"。

1.4　建站工具

前面一节讲到了网页设计工具,使用这些设计工具需要具备一定的专业知识和技能。为了方便网页的制作,有些软件开发公司开发了建站工具,使用这类工具可以快速地开发网站,甚至可以让不会网页制作技术和数据库设计的人创建简单的网站。

建站工具也被称为内容管理系统(Content Management System,CMS)。它采用数据库技术,把数据库中的信息按照规则预先自动生成 HTML 页面,或者利用动态网页生成技术,在实时交互的过程中动态产生网页。

CMS 包括信息采集、整理、分类、审核、发布和管理的全过程,具备完善的信息管理和发布管理功能。利用 CMS 可以随时方便地提交发布的信息而无须掌握复杂的技术。

建站工具有很多种,它们基于的技术也不尽相同,比如有基于 Java 类的 TurboCMS、TubroECM 等内容管理系统;有基于 PHP 的织梦、帝国等内容管理系统;有基于. NET 的 Kooboo CMS、DotNetNuke 内容管理系统等。

在选择 CMS 工具时需要考虑以下几方面的因素。

1) 良好的架构和可扩展性、方便维护和管理

内容管理系统需要基于优良强健的体系架构,遵从开放标准,易于与其他应用相集成和功能扩展,需要提供方便的管理维护功能或工具,并可以快速部署。

2) 易用性、灵活性、可用性和安全性

内容管理平台从界面交互友好性、需求符合度、功能应用灵活性到扩展选件的多样化等方面需要表现出良好的易用性和可用性。随着内容应用环境进一步复杂和开放,对系统安全保障机制也提高了要求。

3) 符合需求的系统功能

不同的内容管理系统提供的功能和模块存在差异,在挑选内容管理系统时,可能会因为某项特殊的需求而必须要使用某套系统,或对于同样功能的 CMS,但其运作方式相差甚大,需要从中挑选出合适的 CMS。

4) 表现和内容分离,用户体验和内容质量的和谐统一

与系统管理和内容业务分离相类似,内容表现和内容本身需要尽可能独立。无须内容生产人员关注过多的内容表现形式的制作,同时,页面设计和内容创建应当符合设计人员和编辑人员的工作习惯,支持专业设计工具,提供符合常用操作习惯的、易用的工作界面,使得工作人员和最终用户均获得满意的用户体验,保证提供与完美表现相结合的高质量内容。

5) 系统低总拥有成本和高价值导向

内容管理产品是一个具有平台性概念的开放产品,面向快速部署和灵活扩展,保证

系统整体的高效率和灵活性,降低总拥有成本。在挑选内容管理系统时需要考虑系统相关的成本费用,包括授权费、服务费、二次开发费等。

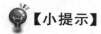【小提示】

虽然使用 CMS 可以方便、快速地开发网站,但对于一个完全不懂网站设计编程技术的人来说,仅采用 CMS 也是不可能开发出一个功能齐全、符合自身需要的网站的。对于网站设计的开发人员来说,HTML、动态网站开发技术、CSS、Layer 等知识都是必不可少的。

1.4.1　常用建站程序 CMS

1. 织梦 CMS

织梦 CMS 是集简单、健壮、灵活、开源几大特点的开源内容管理系统,是国内开源 CMS 的领先品牌,使用织梦 CMS 或基于织梦 CMS 核心开发的网站数量超过 70 万个。

织梦官方网站地址:http://www.dedecms.com。

2. JTBCCMS

JTBCCMS 是一款开源免费的软件,目前已经发布 ASP＋Access/MSSQL、PHP＋MySQL、ASP. NET＋Access/MSSQL、JSP＋MySQL/SQLITE 4 个版本,非常适合用作系统建站或二次开发。

JTBCCMS 官方网站地址:http://www.jtbc.cn。

3. DotNetNuke(DNN)

DotNetNuke 既可用作简单网站的 Web 内容管理系统(CMS),也可作为强大的应用程序开发框架,使企业能够在 Microsoft Web 平台上迅速构建和部署功能丰富的交互式网站和应用程序。

它具有以下特点。

(1) 方便用户。DotNetNuke 旨在使用户可以更轻松地管理所有项目。网站向导、帮助图标、具有良好研究基础的用户界面让全民易于操作。

(2) 强大。DotNetNuke 可以支持多个子网站。通过 Host 账号管理所有子站点,而每个子站点都有独自的管理员,给管理者任意数量的网站、每个成员都有其自身的外观和身份。

(3) 功能丰富。DotNetNuke 预装了一套内置的工具,提供了强大的软件功能。网站主机、设计、内容、安全性和成员的选择都可轻松管理和定制,通过这些工具,使用者可以方便、快捷地开发满足自身要求的网站。

(4) 开放源码。DotNetNuke 是免费提供的。

DotNetNuke 官方网站地址:http://www.microsoft.com/web/dotnetnuke/。

4. Kooboo CMS

Kooboo CMS 是一个基于 ASP. NET 的 CMS 系统,实现面向企业级的内容管理解决方案和快速开发。它是一款由中国人开发走国际路线的 CMS 软件。Kooboo 具有以下主要特性。

(1) 基于角色的用户管理。

(2) 无限制的用户和站点。

(3) 实现各种验证。

(4) 内容版本控制。

(5) 工作流控制。

(6) 布局和内容模板。

Kooboo CMS 官方网站地址：http://www.kooboo.com。

5. PHPCMS

PHPCMS 采用 OOP(面向对象)方式自主开发框架。框架易扩展、稳定且具有超强大负载能力，完全可以满足政府机构、教育机构、事业单位、商业企业、个人站长使用。

PHPCMS 官方网站地址：http://www.phpcms.cn。

6. 商派系统

商派系统是上海商派公司的产品，包括淘宝店铺打理工具、淘宝/天猫店全网营销平台、全渠道一体化商城运营系统、直分销一体化商城系统、大数据旗舰版商城系统、Shopex Commerce B2B 业务解决方案、Shopex Commerce 分销平台解决方案、Shopex Commerce B2B2C 运营平台解决方案等一系列产品。

联想、海尔、云南白药、蒙牛等企业均采用商派系统建站。

商派官方网站地址：http://www.shopex.cn。

1.4.2　博客系统

博客是英文 Blog 的音译，它的正式名称为网络日志，是一种通常由个人管理、不定期张贴新文章的网站。博客上的文章通常根据张贴时间，以倒序方式由新到旧排列。许多博客专注在特定的课题上提供评论或新闻。

一个典型的博客结合了文字、图像、其他博客或网站的链接，并能够让读者以互动的方式留下意见(读者进行评论)。大部分的博客内容还是以文字为主。使用博客是快速进入互联网行业的一种有效途径。

博客系统就是能够快速生成和架设博客的软件。

国内比较有名的博客系统有 WordPress、Z-blog、Emlog 等，国外较为有名的博客程序有 PJBlog、Bo-Blog、Typecho 等。

1.4.3　淘宝客程序

淘宝客是指帮助卖家推广商品并获取佣金的人，这里的购买是指确认收货的有效购物。淘宝客的推广是一种按成交计费的推广模式，淘宝客只要从淘宝客推广专区获取商品代码，任何买家(包括自己)通过淘宝客的推广(链接、个人网站、博客或者社区发的帖子)进入淘宝卖家店铺完成购买后，就可得到由卖家支付的佣金。

淘帝淘宝客、小草淘宝客程序、织梦淘宝客都是较有名气的淘宝客程序。由于做淘宝客的人数量多，竞争异常激烈，想要做好就需要好的产品并进行有效的推广和长期坚持。

1.4.4 论坛程序

论坛就是常说的 BBS。它是一种交互性强、内容丰富且及时的 Internet 电子信息服务系统，用户通过这种形式，可以获得各种信息服务，并进行信息发布、讨论及聊天等。

Discuz! 和 PHPwind 是国内最常见的制作论坛的程序代表。

1.5 网站类型

在学习网站建设之前，有必要对网站的类型及其特点做些了解。

1.5.1 资讯门户类网站

资讯门户类网站以提供信息资讯为主要目的，它是目前最普遍的网站形式之一。这类网站虽然涵盖的工作类型多、信息量大、访问群体广，但所包含的功能却比较简单。其基本功能通常包含检索、论坛、留言，也有一些提供简单的浏览权限控制，如许多企业网站中就有只对代理商开放的栏目或频道。

资讯门户类网站开发的技术含量主要涉及以下 3 个因素。

（1）承载的信息类型。如是否承载多媒体信息、是否承载结构化信息等。

（2）信息发布的方式和流程。

（3）信息量的数量大。

目前大部分的政府和企业的综合门户网站都属于资讯门户类网站。如新浪（图 1-7）、搜狐、网易等。

图 1-7 新浪网首页

1.5.2　企业品牌类网站

企业品牌网站要求展示企业综合实力,体现企业 CIS(Corporate Identity System)和品牌理念。企业品牌网站非常强调创意,对于美工设计要求较高,精美的 Flash 动画是常用的表现形式。对网站内容组织策划,产品展示体验方面也有较高要求。

企业品牌类网站多利用多媒体交互技术、动态网页技术,针对目标客户进行内容建设,以达到品牌营销传播的目的。

企业品牌类网站可细分为以下三类。

1. 企业形象网站

这类网站主要是为了塑造企业形象、传播企业文化、推广企业业务、报道企业活动、展示企业实力。如图 1-8 所示为多享网站。

图 1-8　多享网站首页

2. 品牌形象网站

当企业拥有众多品牌,且不同品牌之间市场定位和营销策略各不相同,企业可根据不同品牌建立其品牌网站,以针对不同的消费群体。如图 1-9 所示为宝马汽车网站。

3. 产品形象网站

针对某一产品的网站,重点在于产品的体验。例如,汽车厂商每上市一款新车就建立一个新车形象网站;手机厂商推出新款手机形象网站;房地产发展商推出的新楼盘形象网站。如联想(图 1-10)、IBM 等。

图 1-9 宝马汽车网站首页

图 1-10 联想公司网站首页

1.5.3 交易类网站

交易类网站以订单为中心,以实现交易为目的。交易的对象可以是企业(B2B),也可以是消费者(B2C)。

交易类网站有以下 3 项基本内容。

(1) 商品如何展示。

(2) 订单如何生成。

（3）订单如何执行。

因此，交易类网站一般需要有产品管理、订购管理、订单管理、产品推荐、支付管理、收费管理、发货管理、会员管理等基本系统功能。较复杂的还有积分管理系统、VIP 管理系统、CRM 系统、MIS 系统、ERP 系统、商品销售分析系统等。

交易类网站成功与否的关键在于业务模型的优劣。企业为配合自己的营销计划搭建的电子商务平台，也属于此类网站。

交易类网站可细分为以下三类。

（1）B To C(Business To Consumer)网站，即商家-消费者，主要是购物网站，等同传统的百货商店、购物广场等。如京东（图 1-11）、亚马逊、当当等网站。

图 1-11　京东首页

（2）B To B(Business To Business)网站，即商家-商家，主要是商务网站，等同传统的原材料市场，如电子元件市场、建材市场等。如阿里巴巴（图 1-12）、慧聪网等。

图 1-12　阿里巴巴首页

（3）C To C(Consumer To Consumer)网站，即消费者-消费者，主要是拍卖网站，等同传统的旧货市场、跳蚤市场、废品收购站、一元拍卖、销售废旧用品。如淘宝（图 1-13）、易趣等网站。

图 1-13　淘宝网首页

1.5.4　社区网站

社区网站就是网络上的小社会,如猫扑、天涯等。有些大的门户网站中的论坛也可以称为社区。如图 1-14 所示为天涯社区。

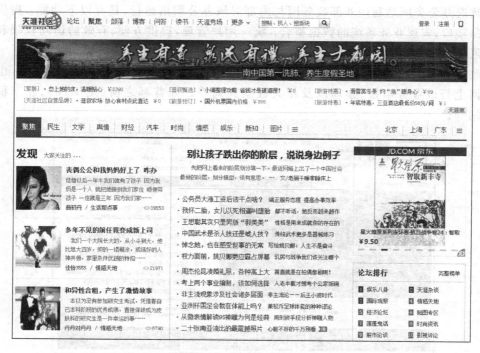

图 1-14　天涯社区首页

1.5.5　办公及政府机构网站

1. 企业办公事务类网站

企业办公事务类网站主要包括企业办公事务管理系统、人力资源管理系统、办公成本管理系统和网站管理系统等。如图 1-15 所示是某学校的科研管理系统。

图 1-15　某学校科研管理系统首页

2. 政府办公类网站

政府办公类网站利用外部政务网与内部局域办公网络运行,具有以下功能:提供多数据源接口,实现业务系统的数据整合;统一用户管理,提供方便、有效的访问权限和管理权限体系;可以灵活设立下位子网站;实现复杂的信息发布管理流程。

政府办公类网站面向社会公众,既可提供办事指南、政策法规、动态信息等,也可提供网上行政业务申报、办理以及相关数据查询等。如首都之窗(图 1-16)、北京税务局网站等。

图 1-16　首都之窗首页

1.5.6　互动游戏网站

互动游戏网站是近年来国内逐渐风靡起来的一种网站。这类网站的投入根据所承载游戏的复杂程度而定,其发展趋势是向超巨型方向发展,有的已经形成了独立的网络世界,如腾讯页游(图1-17)、昆仑万维等游戏网站。

图 1-17　腾讯网页游戏首页

1.5.7　功能性网站

功能性网站的主要特征是将一个具有广泛需求的功能扩展开来,开发一套强大的支撑体系,将该功能的实现推向极致。看似简单的页面实现,却往往投入惊人,效益可观。如百度(图1-18)等网站。

图 1-18　百度首页

本章小结

本章主要介绍了本门课程所讲授的内容以及相关的概念。具体涉及的内容有中小企业网站建设与管理课程的内容与定位、网页与网站的区别、动态网页与静态网页、网站的操作系统、Web 服务器、网页制作技术、网页设计工具、建站工具、数据库技术和网站类型特点等内容。

本章习题

1. 找出至少 3 种用不同网页制作技术制作的网站，写出它们的网址。

2. 根据本章网站类型的介绍，将你所熟悉的网站按相应类型进行分类。

3. 列举出一个使用动态网页技术的网站，针对其中的某一个使用动态技术的功能（如查询），用自己学过的数据库知识设计出这个功能所需要的数据库结构。

4. 比较静态网页与动态网页的异同点。

第 2 章

网 站 策 划

➤ 了解网站策划的概念及其内容。

➤ 了解网站需求分析包含的内容。

➤ 了解如何确定网站主题和内容。

网站策划是指在网站建设前对市场进行分析、确定网站的目的和功能,并根据需要对网站建设中的技术、内容、费用、测试、维护等做出规划。网站规划对网站建设起到计划和指导的作用,对网站的内容和维护起到定位作用。

网站策划的最终体现是撰写网站策划书。网站策划书应该尽可能涵盖网站规划中的各个方面,网站策划书的写作要科学、认真、实事求是。

网站策划涉及的内容很多,贯穿于网站建设的整个过程。本章只重点讲述其中的一部分内容,其他内容将会在后面章节中陆续介绍。

2.1 需求分析

对于想要建设网站的企业来说,在建设自己的网站之前,一定要进行相应的调研分析,得到自己确有必要进行网站建设的结论后才能建设网站。一般来说,网站建设要找专业的开发方进行网站的设计与开发,因而需要对开发方提出自己的基本需求。

开发方根据企业提出的最基本需求,与企业进行沟通,完整、全面地收集和整理用户的各种相关资料,包括关于客户介绍的各种文字和图片资料、联系方式等,然后分析和理解客户的需求,并对客户提出的基本设计要求、基本功能需求进行加强和完善,如果客户能提供自己需要的网站类型及实例,将会加快网站建设的进程。

在建设网站之前,需要双方共同探讨和明确网站的需求,使用方主要从自己的使用角度出发来思考和提出网站的需求,而开发方则主要是从技术开发的角度来帮助使用方加强和完善网站的需求。

2.1.1 明确建站目的

企业在建设自己的网站之前,一定要明确建站目的。根据建站的目的,确定网站的功能,主要的建站目的有三类:企业形象宣传、企业数据展示和电子商务。

1. 企业形象宣传型

对于知名度较低的中小企业,比较适合以形象宣传作为建站目的,这样当具备了一定知名度后再开展电子商务活动,要比一上来就花大气力建设电子商务网站更有效益。

在以企业形象宣传为目的的建站过程中,企业应提供公司的相关资料,如公司简介、Logo及形象图片、产品的文字资料和图片、包装样品等图片。在网站建设期间,公司应有明确的负责人和开发方进行沟通。图2-1是北京科果伟业科技发展有限公司网站首页。

图 2-1 北京科果伟业科技发展有限公司网站首页

从图2-1中可以看出,北京科果伟业科技发展有限公司的网站就是以企业形象展示为主的。通过其主页用户可以了解到该公司简介、企业证书、业务范围、人才招聘、联系方式几个方面的内容。

对于具体的服务没有提供交互式窗口,也没有显示价格信息。作为交易对象,如果想与该公司进行交易,可以借助网站提供的联系方式进行。可以说,网站为该企业提供了一种形象宣传方式,为全面开展电子商务打下了基础。

2. 企业数据展示型

如果一个企业要发布的信息主要是关于产品的价格、服务收费的标准、产品的规格、产品的数量等数据,比较适合以数据展示作为建站目的进行网站建设。

如图2-2所示为cygnett的网站首页,图2-3所示为griffintechnology的网站页面,这两个网站均把生产(或销售)的产品按照类别进行分类显示,将产品内容和价格通过网页展示给用户,在这样的网站建设中,使用了大量的图片,将产品形象、生动地展示出来,给用户留下深刻的印象,对企业营销十分有效。

图 2-2 cygnett 的网站首页

3. 电子商务型

对于资金有了保障、信息化程度较高的企业,应以电子商务作为建站目的。

如图 2-4 所示,去哪儿网提供了酒店、机票、火车票、门票等预订页面。客户可以按照自己的需要进行订购,在提供个人相关信息后,确认无误即可对自己的订单进行支付。

电子商务型网站与以形象宣传、数据展示为主的网站相比,功能相对完善很多。以电子商务为主的网站概括起来通常包括公司概况、产品/服务、顾客服务、网上调查、网上联盟、网上销售等。

总之,企业网站的功能取决于企业本身的业务要求,取决于客户的要求,取决于行业发展的要求。企业究竟该选择什么样的功能,最终要以企业目前的状况及其市场中的定位进行选择。

图 2-3　griffintechnolgy 的网站页面

图 2-4　去哪儿网的页面

2.1.2　可行性分析

可行性分析是指通过对项目的主要内容和配套条件进行调查研究和分析比较,并对项目建成以后可能取得的财务、经济效益及社会环境影响进行预测,从而提出该项目是否值得投资和如何进行建设的咨询意见,为项目决策提供依据的一种综合性的系统分析方法。

在进行网站建设之前,应通过市场调研等方法和手段进行可行性分析,主要考虑以下6 个方面内容。

1．产品与服务

获得产品或服务是进行电子商务的最终结果。企业有必要分析究竟什么样的产品或服务适合电子商务的范畴，从而利用电子商务网站进行宣传或销售。

2．目标市场定位

首先，企业应当调查在传统形式下企业所面对的个人消费者群体的详细情况，如消费群体的年龄结构、文化水平、收入水平、消费倾向、对新事物的敏感程度等；其次，根据专业的互联网网民分析结果，判定自己的销售群体适不适合开展电子商务。

对企业来说，和自己有供应链关系的交易对象应当首先作为电子商务的对象。如果供应链上的交易对象很多，企业创建电子商务网站就越有价值。

3．市场环境

准备参与电子商务的企业，面对一个崭新的市场，要分析涉及宏观和微观等多方面的问题，如所在地区经济发展状况、政府在经济活动中所扮演的角色、企业所在地及周边地区的基础设施状况及同行业企业的电子商务活动参与程度等。

企业要分析的市场环境要素具体来说有以下 4 个方面内容。

1）经济发展状况

所在地经济发展状况越好，经济实力越强，企业的整体实力就会越强。实力强的企业可以有更多的资金投入电子商务中，该企业的电子商务才能形成规模、获得效益。同时，实力强的企业对消费者而言更有吸引力，这样的企业开展电子商务才更容易成功。

2）政府的作用

在电子商务网站的建设过程中，政府的作用十分重要。有发展眼光的政府将会出台政策，对电子商务进行强有力的支持。这样地区的企业建立网站开展电子商务业务就更容易成功。

3）基础设施状况

基础设施包括 Internet 主干网、宽带、快速的 ISDN/ADSL、光纤通信、卫星通信、多媒体技术应用情况等。

企业建设电子商务网站不能脱离所在地区基础设施状况，基础设施的状况直接关系到企业未来电子商务能否实现。如果企业所在地区的基础设施完备，企业在构筑电子商务网站建设方案时就可以尽情地享用已有资源，而不必为通信速度、网络安全、服务质量和费用等问题而担心，这样建设网站的成功率就会更高一些。

4）竞争企业的情况

竞争企业就是同行业里做得比较好，与自己存在竞争关系的企业。在分析同行业企业情况时，要特别注意这些企业的电子商务发展进程。这样就可以把握本企业在整个行业内所处的状况。由于电子商务将在未来决定企业的市场份额，企业起步太迟，必将失去市场。

4．价格

在电子商务活动中，价格是决定交易成功与否的关键因素。这里所说的价格包括两个部分：一是电子商务网站所提供的产品或服务的价格；二是交易对象通过网站交易的成本。企业应当分析哪些产品或服务的价格容易波动、产品或服务价格面向不同对象的承受能力以及交易对象对价格变动频率的适应程度。

企业可以利用电子商务网站对那些经常变动价格的产品或服务进行动态宣传。与此同时,如何降低交易成本,使交易的达成不会给交易双方增加经济负担也是电子商务企业要面对的问题。

除去网络费用外,规划电子商务网站还要考虑物流配送的价格。

5. 物流配送方式

网站上的交易一旦确定,企业就要进行配送服务。企业在分析市场交易量与交易范围的同时,要调查用户对产品或服务配送的需求情况。只有提供多种配送方式以及便捷的服务才能最终圆满完成电子商务活动。

目前,配送的主要方式包括用户自提、网站送货上门、第三方物流等。网站自己送货会占用公司的大量资金和人力,成本较高,因此第三方物流是发展方向。

🔔【小贴士】

第三方物流(Third Party Logistics,TPL)是指物流的实际需求方(第一方)和物流的实际供给方(第二方)之外的第三方部分或全部利用第二方的资源通过合约向第一方提供的物流服务。

6. 营销策略

网络营销是在互联网络上开展营销活动的一种方法。

企业有必要在分析企业产品或服务以及交易对象特点的基础之上确定本企业的网络营销策略。作为新兴的营销方式,网络营销目前在国内还缺乏法律与规范,没有完全的安全保证,用户的认知率低,所以宣传与推广是网络营销的重要工作。

通过以上 6 个方面的调研与分析,再从技术角度分析建站的可能性和必要性,对网站运营情况、维持网站正常运行及相关费用进行分析和预测,最终对网站建设完成可行性分析。

 **实训 2-1**

进行市场调研

【实训目的】

(1)了解市场调研的意义和作用。

(2)掌握市场调研的方法和步骤。

【知识点】

市场调研是市场调查与市场研究的统称。在进行网站的需求分析时,市场调研是其中一项必不可少的内容。可以说,市场调研的结果直接决定了需求分析是否恰当、正确,对于网站建设的成败起着至关重要的作用。

【实训准备】

有确定的网站项目,有明确的需要分析要求。

【实训步骤】

（1）确定市场调研的必要性。

（2）定义问题。

（3）确立调研目标。

（4）确定调研设计方案。

（5）确定信息的类型和来源。

（6）确定收集资料。

（7）问卷设计。

（8）确定抽样方案及样本容量。

（9）收集资料。

（10）分析资料。

（11）撰写调研报告。

2.2 确定网站功能和内容

2.2.1 规划网站主题

网站的主题也就是网站的题材，是网站设计首先遇到的问题。明确的主题、丰富的内容是网站生存之本。应按照建站的目的来规划网站主题，再根据主题来设置内容。网站主题要考虑以下要求。

（1）主题要明确而精要。

（2）主题不要太滥或者目标太高。

（3）网站名称要能体现网站主题。

（4）网站名称要易记。网站名称最好用中文，不要使用英文或者中英文混合型名称。网站名称要有简称，而简称字数应该控制在 6 个字（最好 4 个字）以内，4 个字的也可以用成语，这样更加适合其他站点为自己的网站设立友情链接。

（5）名称要有特色。网站名称要有特色，能够体现一定的内涵，给浏览者更多的视觉冲击力和空间想象力。

2.2.2 确定网站的内容

一个标准的网站应该包括以下 10 项内容。

1. 站点结构地图

站点结构地图（Site Map）是一种有关站点结构、组织方式的示意图。站点的主要栏目或者关键内容列在其下的副标题中。当访问者单击标题、题目或副标题时，相关的网页就会出现在屏幕当中。站点结构图还可以被看作是站点的分级结构图，以这种方式组织起来的信息可以使访问者迅速找到信息所在的位置。

2. 导航栏

每个网站都应该包括一组导航工具，它出现在此网站的每一个页面中，称为导航栏

（Navigation Bar）。导航栏中的链接文字应该与站点结构图中的页面相关联。

3. 联系方式页面

联系方式页面（Contact Page）中创建可发送 E-mail 的链接，使 E-mail 的地址可以自动地出现在"收信人"栏中。这样，访问者在录入相关内容后单击"发送"按钮即可完成发送邮件。此页面还应该包括其他联系方式，如通信地址及联系人、传真、电话号码等。

4. 反馈表单

利用反馈表单（Feedback Forms），用户可以随时提出信息需求，而不必记下电话号码。反馈表单还应为那些没有 E-mail 的用户提供方便。从反馈表单中可以发现网站中哪些信息是重要的，哪些是无关紧要的。

5. 评论页面

用户可以通过评论页面（Comment Page）发表评论，提出问题。

6. 引人入胜的内容

在每页中都要包含相关的、引人入胜的内容（Compelling Content），特别是销售产品时，每个商品要有详细的说明文字及整体和细节图片。文字应通俗易懂，这样才能吸引用户。

7. 常见问题解答（FAQ）

创建 FAQ 可以避免重复回答相同的问题以节省管理者和访问者的时间和精力。如图 2-5 所示为京东商城网站的常见问题列表，可以看出，当使用者出现网站使用上的问题时，就可以通过网站提供的常见问题解答得到相应的帮助。

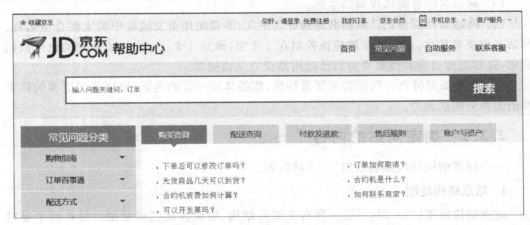

图 2-5　京东网站的常见问题列表

8. 搜索页面

网站应提供搜索页面（Search Page），这样用户可以通过在搜索页面中输入关键词，然后单击"查询"按钮的方式，快速找到相应的信息或商品。

9. 新闻页面

一般用来发布网站的公告通知消息,特别是电子商务网站可以在新闻页面(News Page)中提前发布促销活动通知。

10. 友情链接

友情链接是在网站的页面中提供相关的网站链接。提供友情链接(Friendly Links)的方式可以多种多样。

2.2.3　确定网站的功能和栏目

网站的内容应与网站主题紧密相关,应依据主题来设定网站内容。当网站的内容确立后,应将这些网站内容按功能进行划分并设置栏目。设置栏目时的原则有以下4点。

(1) 要紧扣主题。

(2) 指引迷途,清晰导航。

(3) 设立最近更新或网站指南栏目。

(4) 设立下载或常见问题解答栏目。

具体来说,可以参考下面的方法。

1. 根据网站的目的确定网站的导航结构

一般企业型网站应包括公司简介、企业动态、产品介绍、客户服务、联系方式以及在线留言等基本内容。有的企业型网站还可以按语言分为中文版和英文版。

电子商务类网站要提供会员注册、会员管理、商品管理、商品查询、购物车、订单管理、订单查询和相关帮助等功能。

2. 根据网站的目的及内容确定网站整合功能

如在网站中加入 Flash 引导页、会员系统、网上购物系统、在线支付、问卷调查系统、信息搜索查询系统、流量统计系统等。

3. 确定网站的结构导航中的每个频道的子栏目

如公司简介中可以包括领导致辞、发展历程、企业文化、核心优势、生产基地、科技研发、合作伙伴、主要客户、客户评价等;客户服务可以包括服务热线、服务宗旨、服务项目等。

网站的栏目及子栏目规划好后,可用来规划网页的页面。网站的栏目或子栏目可对应网站不同级别的页面,如图 2-6 就是一个网站的页面级别规划。

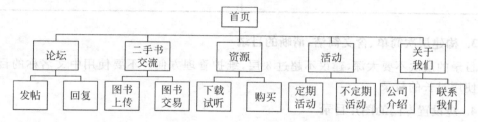

图 2-6　网站页面级别规划

2.3 网站目录结构设计

网站目录结构的好坏对于站点本身的上传维护、内容未来的扩充和移植有重要影响。在设计网站的目录结构时,要注意以下几点。

1. 设置根目录

首先需要确定根目录。在这里要明确主要的页面名称、页面标题、对页面的说明信息和完整的页面设计信息。这部分资料对于开发方来说,可以起到明确网站结构的作用;对于企业来说,可以用来指导日后维护和更新网站栏目。填写根目录和根目录中文件的关系的表格如表 2-1 所示。

表 2-1　根目录和页面信息

页面名称	页面标题	说明	页面设计信息

不要将所有文件都存放在根目录下。全部放在根目录下,一是会造成文件量过大,上传时文件检索时间过长;二是会造成文件管理混乱,很容易搞不清需要编辑和更新的页面,影响工作效率。因此,应该根据需要设置子目录。

2. 按栏目内容建立子目录

在网站中建立的子目录应按栏目进行设置。首先应按网站主栏目建立目录;主栏目中的子栏目对应的目录应建在主栏目对应的目录中。对于经常更新的页面,可以建立独立的更新目录用于存放这些页面。

对于要接收文件上传的网站,应建立一个统一的上传目录用于存放上传的文件,所有需要下载的内容,也应该统一存放在一个下载的目录中。各栏目对应的目录及层次关系可制作如表 2-2 所示的网站目录表。

表 2-2　网站栏目对应的网站目录表

网站栏目	目录名称	路径	说明

3. 构建层次简单、含义简洁、清晰的目录

目录的层次不要太深,建议不超过 3 层,维护管理方便。不要使用中文名称的目录,不要使用过长的目录。

4. 应设置专门的图片目录

根目录及每个主栏目目录下都应建立独立的用于存放图片的目录(一般可命名为

images 或 pics 等），这样方便管理。根目录下的图片目录只是用来存放首页的图片，主栏目下的图片目录则仅用于存放主栏目及其子栏目页面中的图片。

2.4　选择网站开发技术方案

开发方需要根据企业客户的需求选择网站设计方案，即选择什么样的技术来开发网页，采用什么样的数据库来架设网站。网页设计技术和数据库类型在第 1 章绪论中有过介绍，但究竟选择什么技术和数据库来进行网站建设，一方面根据企业客户对网站的需求，另一方面也要考虑开发方的实际情况。

具体来说，选择网站开发技术方案需要确定以下内容。

（1）网站服务器的架设方案，是采用自购服务器、托管服务器还是租用虚拟主机？

（2）选择操作系统，用 UNIX、Linux 还是 Windows？ 这要从投入成本、功能、开发、稳定性和安全性等方面进行分析和选择。

（3）是采用系统性的解决方案（如 IBM、HP）等公司提供的企业上网方案、电子商务解决方案还是自己开发？

（4）确定相关程序开发，如选用什么样的网页制作技术（如 PHP、ASP、ASP. NET、JSP 等）和采用什么样的数据库（如 MySQL、Access、SQL Server 等）。

（5）确定网站的域名。

（6）网站安全性措施、防黑、防病毒方案。

这部分内容将在第 3 章、第 4 章、第 9 章中详细介绍。

2.5　制订资源分配计划

2.5.1　人力资源配置

无论是在企业网站的创建过程中，还是网站创建后的使用阶段，企业都有必要进行人员的重新配置，以适应这一变化的需要。

企业进行电子商务活动，创建和维护网站等工作需要的人员具体来讲包括以下几种。

1. 技术支持人员

技术支持人员主要负责电子商务网站创建、维护等技术工作，包括网络环境的规划设计工作、系统管理工作、主页制作与更新工作、程序开发工作、网站初期试用与调试工作、系统维护与完善工作等。由于传统模式下的经营方式，对这类技术人员的需求有限，企业的人才储备大都严重不足。

社会潜在的人力资源中一般水平的技术人员大有人在，而具有系统分析能力、熟悉网络管理、掌握网络操作系统和数据库技术的较高层技术人员十分匮乏。企业要有人才意识，要配置好企业电子商务所需的各种技术人员。

由于在创建网站过程中，涉及的技术非常复杂，只有技术人员的全面互补，网站的创建才能顺利实现。就系统性而言，网站的技术人员应该是具有系统分析能力、把握整个系统的创建能力,对于系统的分阶段开发有统一的构想与深入的计划,否则企业的网站朝不保夕,很难长久。由于 IT 企业人员流动性较强,技术人员更是如此,作为一个企业对此要有充分的考虑,不能因为人员的流动使得网站滞动,对企业的危害很大。

2. 普通应用人员

在网站创建后,主要由这部分人员从事和管理日常的电子商务活动。他们往往是企业中的一般工作人员。这些人员一般不关心电子商务的技术问题,只要求掌握常规的操作方法,由于对技术没有深入的研究,所以对使用的电子商务网站要求是操作简单、维护方便。

企业对普通应用人员在技术上无须要求太高,但要使他们树立电子商务意识。在配置这部分人员时,教育培训必不可少。普通应用人员的应用水平和对工作的态度直接影响电子商务网站经营的效果。

例如,对用户意见的反馈是否周到、负责?反应的速度是否及时?如果对于用户的意见反馈迟钝,或者根本没有反馈,用户就会对该企业的网站失去信心。

应对网站的工作,信息收集必不可少。这部分工作离不开工作人员每天常规工作的质量与效率。只有具备广泛的信息量,对问题进行深入的研究,用户在访问网站时才会有比较大的收获,网站的用户才会逐渐增多,网站的效益才会显现。

用户与企业的联系密切与否,与网站工作人员的态度有很大的关系。企业的员工视用户为上帝,那么他所进行的工作一定是比较积极主动的。另外,与用户直接打交道的普通应用人员最容易发现用户的需要,从而促进企业网站的进一步完善。

3. 高级管理人员

企业的决策者们往往电子商务意识淡漠,这样必然影响电子商务的发展。配置这部分人员要优先为他们灌输电子商务的基础知识,让他们懂得电子商务可以在企业与政府之间、企业与企业之间、企业与消费者之间、政府与消费者之间搭建桥梁;便于对企业的管理与指导,便于政府与群众的沟通。

企业的高级管理人员不是一个人,而是一个集体;不是技术专家,也不是营销专家,但要具有高瞻远瞩的远见、勇于创新的思想、不怕承担责任的工作态度。有了集体,对于新事物的认识才能相互启发,企业的决策才能扬长避短,而不因某个 CEO 的个人状况影响整个网站的前景。

4. 其他相关人员

除企业必须配置的上述三类人员外,企业在创建电子商务网站过程中还需要方方面面的人员。这些人员可以是身兼数职的全才,也可以是企业临时聘用的人员,如掌握金融知识的人员、掌握法律知识的人员、掌握网络公共关系的人员等。

2.5.2　资金分配

资金一直是企业进行任何活动的先决条件。企业在建设电子商务网站时也不例外。如果企业资金力量雄厚,就可以选择先进的设备、良好的服务、高素质的人才。如果资金力量有限,建议选择中介服务。

资金是选择建设网站方案的重要依据。一些软件、硬件都需要企业大量的投入,以保证运行的安全和稳定。

网站建站过程中常规性的费用支出大致有以下几类。

(1) 网站接入费。

(2) 网站开发费用。

(3) 网站信息维护费用。

(4) 人力资源费用。

在网站规划阶段,要充分考虑各个方面的费用,进行合理的资金分配,保证网站建设过程不受资金问题困扰。

2.6 版面风格设计

在网络规划中,还要对网站的版面风格(包括页面的风格)等进行详细规划。网页美术设计一般要与企业整体形象一致,要符合 CI 规范。要注意网页色彩、图片的应用及版面规划,保持网页的整体一致性。这部分内容将在第 5 章中详细介绍。

【小贴士】

当版面风格设计完成后,接下来的一步称为网站设计,网站设计是将网站规划中的内容、网站的主题模式等要求以艺术的手法表现出来,是一个把软件需求转换成用网站表示的过程,包括美工设计、前端页面设计和后台功能设计。它不属于网站规划的内容。但网站设计时要按照网站总体规划进行,不可以无原则地任意发挥。网站设计将在第 6 章中详细介绍。

2.7 网站测试与发布

网站发布前要进行细致周密的测试,以保证网站可以被正常浏览和使用。主要测试内容有以下几个。

(1) 文字、图片是否有错误。

(2) 程序及数据库是否有错误。

(3) 链接是否有错误。

网站测试的内容将在第 7 章中详细介绍。

2.8 网站推广

网站推广就是让更多的人知道并使用自己的网站。网站推广有很多方法,这部分内容将在第 8 章中详细介绍。

2.9　网站维护

网站维护主要包括以下几方面内容。

（1）服务器及相关软硬件的维护，对可能出现的问题进行评估，制订响应时间。

（2）数据库维护，有效利用数据是网站维护的重要内容，因此数据库的维护要受到重视。

（3）内容的更新、调整等。

（4）制订相关网站维护的规定，将网站维护制度化、规范化。

这部分内容将在第9章中详细介绍。

2.10　撰写网站策划书

当开发方将企业客户的需求了解清楚后，就要撰写满足企业客户需求的网站规划方案策划书，双方在达成共识后签订合同。网站规划策划书的写作要科学、认真、实事求是。

实训 2-2

撰写网站策划书

【实训目的】

（1）了解网站策划书的撰写工作。

（2）掌握网站策划书包括的内容。

【知识点】

网站策划书本质上就是将网站规划的内容撰写出来，将网站规划方案以书面的形式确定下来，为网站设计做准备。

【实训准备】

有一个确定的网站项目。

【实训步骤】

1. 进行市场策划分析

市场策划分析要针对公司的产品所属行业进行分析，大致的内容有以下几方面。

（1）相关行业的市场是怎样的，市场有什么样的特点，是否能够在互联网上开展公司业务。

（2）市场主要竞争者分析，竞争对手上网情况及其网站规划、功能、作用。

（3）公司自身条件分析、公司概况、市场优势，可以利用网站提升哪些竞争力，建设网站的能力（费用、技术、人力等）。

2. 进行网站功能定位

网站功能定位可从以下几方面进行分析。

（1）为什么要建立网站，是为了宣传产品、进行电子商务还是建立行业性网站？是企业的需要还是市场开拓的延伸？

（2）整合公司资源，确定网站功能。根据公司的需要和计划，确定网站的功能：产品宣传型、网上营销型、客户服务型、电子商务型等。

（3）根据网站功能，确定网站应达到的目的和作用。

3. 选择网站技术方案

根据网站的功能，确定网站技术解决方案、确定搭建服务器的方式、选定操作系统软件、确定开发程序、确认域名、制订网站安全性措施等。

4. 确定网站内容

这部分将规划网站的内容构架，主要确定以下几方面内容。

（1）确定网站主题。

（2）确定网站内容。

（3）根据网站内容划分网站功能。

（4）确立网站栏目。

（5）规划网站目录结构。

5. 进行网站版面设计

这部分内容主要是规划网站的界面风格及设计原则。

6. 确定网站测试与发布方法

这部分内容将制订网站测试与发布的方法。

7. 制订网站管理与维护规划

这部分内容将制订网站的管理手段及网站维护的方法，特别是网站的改版计划等，如半年到一年时间进行较大规模改版等。

8. 确定网站推广方法

这部分内容主要是制订网站推广的方案。

9. 制订网站费用预算

这部分内容是针对上述的策划内容进行详细的费用预算。

注意：本书所涉及的示例是以某公司为提高其知名度，推广其产品而建设的网站。由于该公司主营业务是生产儿童教育音像制品，且目前没有什么知名度，故该网站的先期建设目的并不是直接进行网上销售，而是通过在网站中架设亲子阅读论坛、提供二手书交流活动场所、免费试听公司的儿童教育音像制品等形式吸引家长们，迅速聚集人气，提升网站用户数。当网站用户达到一定量时再开展网上销售。

本书建设的网站名为"亲子有声阅读交流网"，初期将采用租用虚拟主机和空间的方式进行服务器和接入网络的规划，并采用CMS建站工具进行网站的设计和开发，采用博客、微博、QQ群等推广方式进行推广。

下面几章中将一一介绍这个示范网站的规划、建设与设计方法。

本章小结

本章主要介绍了网站建设之前的工作——网站策划的主要内容。

网站策划是网站能否建设成功的重要保证,它包括需求分析、确定网站的功能和内容、网站目录结构设计、网站开发技术的选择、制订资源分配计划、版面设计风格、网站测试与发布、网站维护与推广和撰写网站规划策划书等几部分内容。

其中网站开发技术的选择、网站硬件环境的选择、接入 Internet 的方式、版面设计风格、网站测试与发布、网站推广、网站维护等内容将会在后面的章节中陆续详细介绍。

本章习题

1. 网站建设目的主要有哪些? 请举一些网站名称进行说明。

2. 网站需求分析包括哪些内容?

3. 网站主题如何确定? 找出一两个中小企业网站进行主题分析。

4. 网站内容如何确定? 网站功能是怎样划分的? 请找出一两个中小企业网站进行分析。

5. 网站的栏目如何确定? 请列出一两个中小企业网站进行分析。

6. 网站目录结构如何确定? 列举一个网站,分析它的目录结构是怎样的。

7. 尝试规划一个学院的网站,提出具体规划要求。

8. 网站的策划书如何撰写? 请为第 7 题的学院网站规划撰写网站策划书。

第3章

域名和服务器规划

> ➢ 理解域名的命名规则和申请方法。
> ➢ 了解服务器规划的内容。
> ➢ 了解接入 Internet 的方式。

在第 2 章中讲到了网站策划,它是在网站建设之前和之后的整体规划。本章内容也属于网站策划的一部分,涉及的主要内容有网站域名规划、服务器规划以及网站接入Internet 方式的规划三部分内容。

3.1　网站域名规划

互联网以 IP(Internet Protocol)地址作为网络上服务器的唯一标识。这样,访问者只需要输入网站的 IP 地址就可以立即打开网站主页。但由于 IP 地址不易记忆,通常都是采用域名来访问网站。

域名就是大家常说的网址。域名与 IP 地址是一一对应的,互联网上的域名名称也是唯一的。因此,在建立网站之前首先应该申请域名,然后将域名与网站的 IP 地址相关联,上网者就可以通过域名来访问网站了。

将域名与 IP 相互解析是通过域名解析服务(DNS)来完成的。

域名有多种划分方法,最主要的划分方法包括按区域划分的国内域名和国际域名,以及按级别划分的顶级域名、二级域名、三级域名等。

3.1.1　域名基础知识

域名的命名是有一定规则的:任何域名都是由英文字母或数字组成,各部分之间用英文的“.”来分隔。一个完整的域名应由两个或两个以上的部分组成。

1. 域名的命名规则

1）国际域名的命名规划

国际域名的命名一般遵循下列规则。

（1）国际域名可使用英文 26 个字母、10 个阿拉伯数字及横杠（"-"）组成,其中横杠不能作为开始符和结束符。

（2）国际域名不能超过 67 个字符（包括 .com、.net 和 .org 等）。

（3）域名不能包含空格,在域名中,英文字母是不区分大小写的。

2）国内域名的命名规则

注册中国国内域名（也就是 .cn 的域名）,由中国互联网络信息中心（CNNIC）负责。对于 .cn 的域名注册,除了要遵循国际域名的命名规则外,还有以下要求。

（1）为了避免与国际域名体系发生混淆,以下域名限制注册为 CN 二级域名。

① 其他国家和地区域名（ccTLD）设立的二级类别域名（21 个）。

② 类别顶级域名（gTLD）（37 个）。

③ 常见姓氏（304 个）。

（2）基于保护公共利益的原因,对于涉及国家利益及社会公共利益的名称,以下域名名称只能由有权使用者申请注册为域名。

① 国家和地区名称及缩写代码（729 个）。

② 国际政府间组织名称缩略语（31 个）。

③ 国家机构名称（7452 个）,鉴于国家党政机关名称难以收集完整,因此将已经在 .gov、.cn 下注册的三级域名纳入限制性注册范围。

④ 部分领导人姓名的汉语拼音（79 个）。

⑤ 有关国防和军事名称（467 个）。

⑥ 市级以上行政区划的全称、正式简称（590 个）。

⑦ 部分特殊电信码号资源（208 个）。

2. 域名的分类

一个域名从左到右所表示的范围越来越大。最右边的部分称为顶级域名或一级域名,次右位置的被称为二级域名,其他的以此类推。但是一般到三、四级域名即可,再多就不好记忆了。

例如,www.sina.com 表示的是由两级域名组成的一个域名命名方案,一级域名是表示公司性质的 com,二级域名是新浪公司的名称。

再如,www.buu.edu.cn 表示的是由 3 个部分组成的域名命名方案,最右边的 cn 表示的是国家或地区性质的一级域名;二级域名是表示教育机构的 edu;三级域名是 buu,它表示北京联合大学。

1）顶级域名

域名的分类方式有很多种,最主要的方法是根据顶级域名进行分类,顶级域名又可以分为两大类。

（1）国家顶级域名:以国家或地区的缩写（两个英文字母）表示地域范围的域名。目前200多个国家和地区都按照ISO 3166国家/地区代码分配了顶级域名,表3-1列出了几个国家的顶级域名。

表3-1 部分国家和地区使用的顶级域名

国家/地区	顶级域名	国家/地区	顶级域名
中国大陆	.cn	俄罗斯	.ru
英国	.uk	美国	.us
日本	.jp	法国	.fr

(2)国际顶级域名,以性质分类的类别域名。这些域名所表示的含义如表3-2所示。

表3-2 国际顶级域名名称和表示的含义

域名	含 义	域名	含 义
.com	工商企业	.firm	一般的公司企业
.org	非营利性组织	.store	销售公司或企业
.net	网络提供商	.web	突出WWW活动的企业
.edu	教育机构	.arts	突出文化、娱乐活动的企业
.mil	军事机构	.rec	突出消遣、娱乐活动的企业
.gov	政府部门	.info	提供信息服务的企业

除了上述域名外,还有一些新兴的顶级域名正在被越来越多的人所使用,下面将对这些域名进行介绍。

① .cc域名。可以理解为Chinese Company(中国公司)或Commercial Company(商业公司)的缩写,现在已经被广泛应用。

② .tv域名。由于TV是电视(Television)一词的英文缩写,并已被绝大多数国家认可,比如"中国中央电视台"就缩写为CCTV,因此这个域名被认为拥有与.net、.com及.org等相同的性质和功能,很多电视服务方面的企业都注册了这样的域名。

③ .biz域名。取自英文单词business,表示商业或生意,比.com域名更有含义,是.com的有力竞争者,同时也是.com的天然替代者。

④ .name域名。国际顶级域名,作为个人域名的标志,允许个人注册和使用。

⑤ .museum域名。表示博物馆的域名。

⑥ .aero域名。表示航空运输业。

⑦ .coop域名。表示商业合作社。

⑧ .sh域名。表示商店。

2)其他级别域名的分类

在顶级域名下的二级域名甚至三级域名,则可以由相应顶级域名的管理部门进行进一步细分。我国顶级域名是.cn,这也是我国的一级域名。在其下,二级域名又分为类别域名和行政区域名两类。

类别域名如表3-3所示。

表3-3　我国二级域名中类别域名的名称和含义

域名	含义	域名	含义
.ac	科研机构	.gov	政府部门
.com	工商金融企业	.net	互联网络信息中心和运行中心
.edu	教育机构	.org	非营利性组织

行政区域名分别对应于我国各省、自治区和直辖市,使用两个汉语拼音字母表示,如北京使用.bj 表示、天津使用.tj 表示。

3.1.2　域名规划

域名是人们访问网站时的第一印象,好的域名是网站成功的开始。如果该域名具有简洁、明了、好记、含义深刻等特点,则可以肯定这是一个非常好的域名。

域名的命名最直接的方法是使用网站所属公司的英文名称或英文名称缩写。例如,英特尔公司(Intel)的域名是 intel.com,联想集团的域名则是 lenovo.com 或 lenovo.com.cn等,北京联合大学(Beijing Unit University)的域名是 buu.edu.cn。

"亲子有声阅读交流网"的域名规划也应按其名称简写进行域名申请,即准备申请的域名是 qinziys.com,备用的域名名称是 qinziys.com.cn、qinziys.cn、qinziys.net。

【小贴士】

在域名规划时,不能只规划一个域名,因为有可能这个域名已经被其他人注册了,因此可以多规划几个域名,以备使用。本示例中域名规划为 qinziys.com,备用域名规划为qinziys.com.cn 或 qinziys.cn 等。

实训 3-1

域名的申请

【实训目的】

(1) 了解域名申请的方法和步骤。

(2) 了解中国万网。

【知识点】

(1) 中国万网(www.net.cn)是在域名注册以及主机托管领域名列前茅的网站。

(2) 本实训以在中国万网上申请国内域名为例,说明域名申请的步骤和方法。

【实训准备】

具备上网功能的计算机。

【实训步骤】

1) 进入并登录中国万网

如果不是中国万网的注册用户,请先注册一个新的中国万网的账号,然后用新注册的中国万网用户名进行登录。如果使用者本身是淘宝会员,可使用淘宝账号直接登录,并使用支付宝账号进行实名认证。

2）查询域名是否被注册

进入"域名服务"栏目,询要注册的域名是否已经被注册过。如图 3-1 所示,在中国万网域名查询框中国输入要查询的域名,并在右侧选择要使用的域名类型(本例由于使用 www.qinziys.com 作为网站的域名,故要选择.com 类型),然后单击"查询"按钮,中国万网会列出该域名及相关域名是否被注册的信息。如果没有被注册,可进行购买。

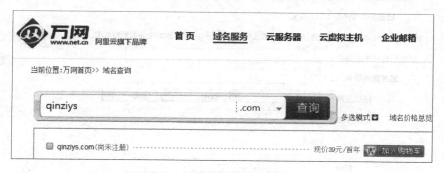

图 3-1　中国万网域名查询

3）注册新域名

（1）如果域名没有被注册,则会出现如图 3-1 所示的界面,此时可选择自己需要的域名,放入购物车。不同域名由于类型不同,其价格也不尽相同。在这里,选择 qinziys.com 这个域名,放入购物车,如图 3-2 所示。

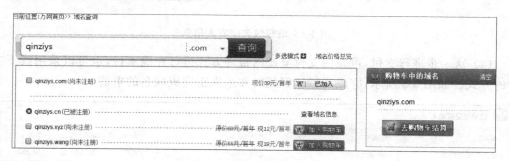

图 3-2　将域名放入购物车

（2）单击"去购物车结算"按钮,出现如图 3-3 所示的界面,选择域名购买年限及所有者类型。

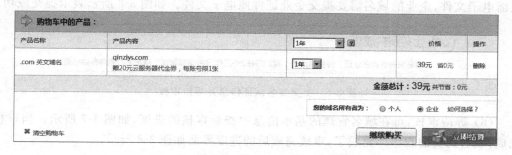

图 3-3　选择域名购买年限及所有者类型

（3）单击"立即结算"按钮，网站会进入会员信息填写界面，如图 3-4 所示。填写域名所有者的信息，并单击"我已阅读，理解并接受"，然后单击"确认订单，继续下一步"。

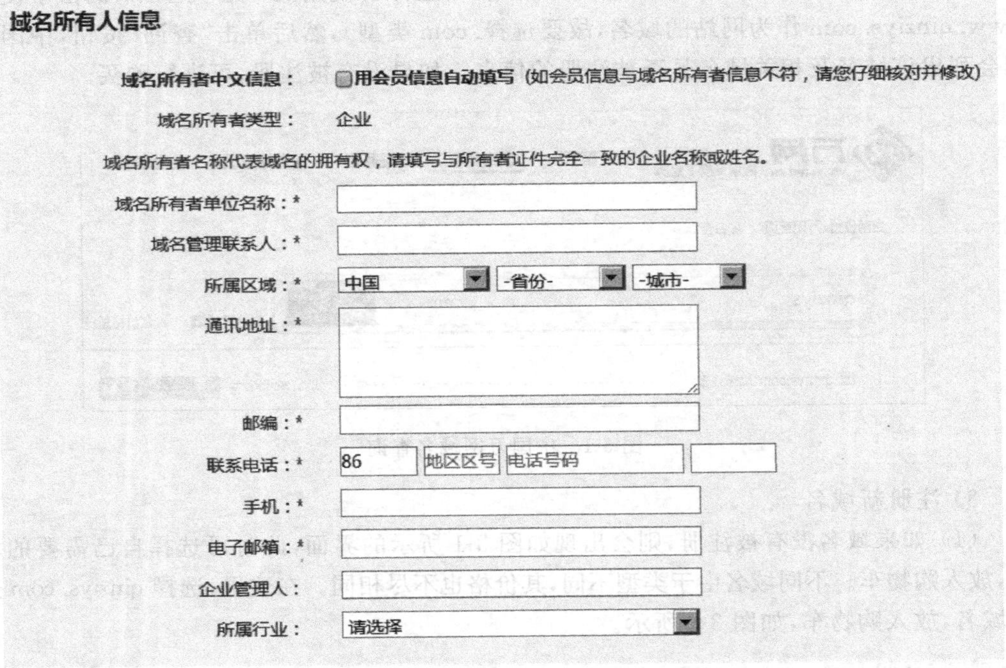

域名所有人信息

域名所有者中文信息：	☐用会员信息自动填写（如会员信息与域名所有者信息不符，请您仔细核对并修改）
域名所有者类型：	企业

域名所有者名称代表域名的拥有权，请填写与所有者证件完全一致的企业名称或姓名。

域名所有者单位名称：*	
域名管理联系人：*	
所属区域：*	中国 ▾ -省份- ▾ -城市- ▾
通讯地址：*	
邮编：*	
联系电话：*	86 地区区号 电话号码
手机：*	
电子邮箱：*	
企业管理人：	
所属行业：	请选择 ▾

图 3-4　填写域名所有人信息

（4）这一步进行支付，可采用支付宝或网银等方式进行在线支付，也可以采用线下支付的方式。如图 3-5 所示，完成支付。但此时并未真正完成域名的申请。

订单编号	产品名称	产品内容	行为	金额	状态
D201507051908208	.com 英文域名	qinzlys.com	购买	39.00 元	✔成功

✔ 订单提交成功！

图 3-5　域名购买支付成功

（5）提交注册信息，进行域名实名认证。个人的域名需要提交身份证号和身份证正反面电子文件，企业的域名需要提交企业证件照电子文件。如图 3-6 所示表示提交成功。

> ✓ **上传资料成功**
> 域名所有者实名认证上传资料成功，我们将在2个工作日内完成审核，请您耐心等待审核结果。

图 3-6　提交实名认证信息并等待审核

（6）等待审核，可在域名管理的基本信息中查看审核的进度，如图 3-7 所示。当审核完成，域名购买的程序即完成了，审核完成后的进度界面如图 3-8 所示。

图 3-7 查询实名认证审核状态

图 3-8 实名认证通过状态

3.2 服务器规划

服务器(Server)指的是在网络环境中为客户机(Client)提供各种服务的专用计算机,在网络环境中,它承担着数据的存储、转发、发布等关键任务,是网络中不可或缺的重要组成部分。

网站的内容需要存放在服务器上(包括所需的数据库服务器、FTP 服务器等),以方便用户访问。

不同的网站对服务器的性能、费用、回报等诸多因素有着不同的要求,因此用户可以有多种使用服务器的选择。

3.2.1 自购服务器

如果用户的资金比较充裕,并且网络环境也比较好,可以考虑自行购买服务器来搭建网站,但是由于服务器的专用性,其比普通 PC 的选购要复杂得多。

1. 服务器特性

虽然服务器与普通 PC 在理论架构上完全一样,但是由于服务器某些方面的特殊要求,其实际的软、硬件复杂程度要远远高于普通 PC,也正是因为如此,在全球范围内也只有 IBM、HP 等少数几家有实力生产高端服务器,国内能够真正生产高端服务器的厂商更少。这是由于服务器需要满足用户的可靠性、可扩展性、可管理性和高利用性 4 个要求。

1) 可靠性

作为一台服务器首先必须能够可靠地使用,即"可靠性"。服务器所面对的是整个网络的用户,只要网络中存在用户,服务器就不能中断工作,甚至有些服务,即使没有用户使用也得不间断地工作(专业术语称为 7×24h 工作),因此服务器首先要具备极高的稳定性能。

2) 可扩展性

服务器需要具有一定的可扩展功能,即"可扩展性"。由于网络发展的速度非常快,为了不必频繁更换服务器,需要服务器有能力支持未来一段时间内的使用,也就是说,即使网络进行了升级或扩容,服务器不需要变动或仅进行小规模的升级就可以继续为网络用户提供服务。

为了实现这个目的,通常需要服务器具备一定的可扩展空间和冗余件(如磁盘矩阵、PCI 和内存条插槽位等)。

3) 可管理性

服务器必须具备一定的自动报警功能,并配有相应的冗余、备份、在线诊断和恢复系统功能,以备出现故障时能及时恢复服务器的运行,这种特性被称为服务器的"可管理性"。

虽然服务器可以支持长时间的不间断工作,但再好的产品都有可能出现故障,如果出现故障后对服务器停机进行维修,则将可能造成整个网络的瘫痪,对企业造成巨大的损失。

为此服务器的生产厂商提出了许多解决方案,如冗余技术、系统备份、在线诊断技术、故障预报警技术、内存查纠错技术、热插拔技术和远程诊断技术等,使绝大多数故障能够在不停机的情况下得到及时修复和纠错。

4) 高利用性

服务器还要具备"高利用性"。由于服务器需要同时为很多用户(有可能是几十个用户,也有可能是几万个用户,甚至几十万、几百万的规模)提供一种或多种服务,如果没有高性能的连接和运算能力,这些服务将无法保障正常使用。因此服务器在性能和速度方面与普通的计算机相比,有着本质的区别。

服务器一般是通过采用多对称处理器、大容量高速内存、千兆级网络连接等方面来保证性能的,比如有的服务器主板上可以同时安装几个甚至几十、上百个服务器专用的CPU,这些 CPU 与普通 PC 中的 CPU 可能是一样的,但服务器 CPU 的主频比较低,这是出于稳定性的考虑。

另外服务器还可通过多对称处理器系统来大幅提高服务器的整体运算性能,因此根本没必要在单个 CPU 中通过主频的提高来提高运算性能。在服务器 CPU 的配置方面还要注意的是,服务器的 CPU 个数一定是双数,即"多对称处理器系统"。

由于服务器具有以上 4 种特性,虽然服务器与普通 PC 在理论结构(即计算机分为五大部分:控制部分、运算部分、存储部分、输入部分和输出部分)上是一样的,但这些硬件均不是普通 PC 所使用的,而是经过专门研发,应用在服务器特定环境中的。因此服务器的价格通常很高,中档的服务器都在几万元左右,高档的有的可能达到几十万、上百万。

当然,市面上也能见到许多标价仅几千元的服务器(如 DELL 和联想就有这样的服务器),但这些服务器都属于入门级的服务器,是为了满足一些小型企业或个人对服务器的需求而开发的。在性能方面仅相当于一台高性能 PC,因此也可以将其称为"PC 服务器"。

2. 服务器的分类

按照不同的分类标准,服务器可以分为许多类型,下面介绍几种常用的分类方法和具体类型。

1) 按网络规模划分

服务器可以分为入门级服务器、工作组级服务器、部门级服务器和企业级服务器。

(1) 入门级服务器。入门级服务器通常只使用一块 CPU,根据需要配置相应的内存和硬盘,必要时也会采用 RAID 磁盘阵列技术,保证数据的可靠性和可恢复性。

入门级服务器主要是针对基于 Windows NT、NetWare 等网络操作系统的用户,可以满足办公室类的中小型网络用户的文件共享、打印服务、数据处理、Internet 接入及简单数据库应用的需求,也可以在小范围内完成如 E-mail、Proxy、DNS 等服务。如图 3-9 所示的 IBM System x3100 M4 属于入门级服务器。

(2) 工作组级服务器。工作组级服务器一般使用 1～2 个 CPU,支持大容量的 ECC 内存,功能全面,可管理性强且易于维护,具备了小型服务器所必备的各种特性,如采用 SCSI 总线的 I/O 系统、SMP 对称多处理器结构、可选装 RAID、热插拔硬盘、热插拔电源等,具有高可用性特性。

工作组级服务器适用于为中小型企业提供 Web、Mail 等服务,也能够用于学校等教育部门的数字校园网、多媒体教室的建设等。如图 3-10 所示的 SUN V125 属于工作组级服务器。

图 3-9　IBM System x3100 M4　　　　　　图 3-10　SUN V125

（3）部门级服务器。部门级服务器通常可以支持 2～4 个 CPU，具有较高的可靠性、可用性、可扩展性和可管理性。集成了大量的监测及管理电路，具有全面的服务器管理能力，可监测如温度、电压、风扇、机箱等状态参数。此外，结合服务器管理软件，可以使管理人员及时了解服务器的工作状况。

同时，大多数部门级服务器具有优良的系统扩展性，当用户在业务量迅速增大时能够及时在线升级系统，保护用户的投资。部门级服务器是企业网络中分散的各基层数据采集单位与最高层数据中心保持顺利连通的必要环节，适合中型企业（如金融、邮电等行业）作为数据中心、Web 站点等应用。如图 3-11 所示的曙光天阔 A650-G 属于部门级服务器。

（4）企业级服务器。企业级服务器属于高档服务器，普遍可支持 4～8 个 CPU，拥有独立的双 PCI 通道和内存扩展板设计，具有高内存带宽、大容量热插拔硬盘和热插拔电源，具有超强的数据处理能力。这类产品具有高度的容错能力、优异的可扩展性能和系统性能、极长的系统连续运行时间，能在很大程度上保护用户的投资。

企业级服务器主要适用于需要处理大量数据、高处理速度和对可靠性要求极高的大型企业和重要行业（如金融、证券、交通、邮电、通信等行业），可用于提供 ERP（企业资源配置）、电子商务、OA（办公自动化）等服务。

如图 3-12 所示的惠普 ProLiant DL580 G8 属于企业级服务器。

图 3-11　曙光天阔 A650-G　　　　　　　图 3-12　惠普 ProLiant DL580 G8

2）按架构划分

服务器可分为 CISC（基于复杂指令计算机）架构的服务器和 RISC（精简指令集计算机）架构的服务器。

（1）CISC 架构服务器。CISC 架构主要指的是采用英特尔架构技术的服务器，即常说的"PC 服务器"。它采用复杂指令系统，处理效率和稳定性弱于 UNIX 小型机。在安装微软的 Windows 操作系统时，能够实现友好的人机界面，可管理性强，操作和维护简易，软、硬件兼容性好，而且具有价格优势。

对于可以牺牲一些稳定性和效率的非关键业务和中低端应用，采用 PC 服务器具有更高的性价比。随着技术的发展，PC 服务器及 Windows 操作系统在性能、稳定性、安全性等方面也不断提高和完善，加之 PC 服务器还可以支持现在流行的 Linux、SCO UNIX、

Solaris for x86 等 UNIX 操作系统,所以其应用范围也非常广泛,特别是在中小企业市场占有绝对的优势。

(2) RISC 架构服务器。RISC 架构服务器指采用非英特尔架构技术的服务器,如采用 Power PC、Alpha、PA-RISC、Sparc 等 RISC CPU 的服务器。

RISC 架构服务器采用精简指令系统,与 UNIX 搭档,能有效提高系统处理能力和效率,加之各厂商一贯将其定位于中、高端应用,在硬件设计上对可靠性、扩容能力、灵活性、管理方便性等方面进行优化,所以它适用于对大型数据库系统、大型计算系统、大型应用软件和稳定性与可靠性要求非常高的关键业务系统,如银行证券的交易结算系统、电信计费账务系统、大型企业的 ERP 系统等,但其代价是相对昂贵的成本支出。

RISC 架构服务器的性能和价格比 CISC 架构的服务器高得多。近几年来,随着 PC 技术的迅速发展,IA(Intel 体系)架构服务器与 RISC 架构服务器之间的技术差距已经大大缩小,用户基本上倾向于选择 IA 架构服务器,但是 RISC 架构服务器在大型、关键的应用领域中仍然居于非常重要的地位。

3) 按用途划分

服务器可以分为通用型服务器和专用型服务器。

(1) 通用型服务器。通用型服务器是没有为某种特殊服务专门设计的可以提供各种服务功能的服务器,当前大多数服务器都是通用型服务器。

(2) 专用型服务器。专用型服务器是专门为某一种或某几种功能设计的服务器,在某些方面与通用型服务器有所不同。比如光盘镜像服务器是用来存放光盘镜像的,其需要配备大容量、高速的硬盘及光盘镜像软件。

4) 按外观划分

服务器分为塔式服务器、机架式服务器和刀片式服务器。

(1) 塔式服务器。塔式服务器的外形和普通立式 PC 相似,由于塔式服务器的外形及结构对空间的要求不高,所以其可扩展性比较好。其插槽数量比较多,主板稍大,而且会预留出足够的内部空间以便日后进行硬盘和电源的冗余扩展,因此塔式服务器的应用范围非常广,是目前使用率最高的一种服务器。

就使用对象或者使用级别来说,目前常见的入门级和工作组级服务器基本上都采用这一服务器结构类型,但是在一些应用需求较高的企业中,塔式服务器就无法满足要求了,需要多机协同工作,而塔式服务器个头太大,独立性太强,协同工作在空间占用和系统管理上都不方便,这也是塔式服务器的局限性。

塔式服务器的优点是扩展相对容易,空间自由,所以维护起来很方便。这类服务器的功能、性能基本上能满足大部分中小企业用户的要求,其成本通常也比较低,因此这类服务器还是拥有非常广泛的应用支持。图 3-9 和图 3-11 就是塔式服务器。

(2) 机架式服务器。机架式服务器实际上是工业标准化下的产品,其外观按照统一标准来设计,配合机柜统一使用。在空间上,主要用 U(1U 等于 44.45mm)为单位来衡量其高度。图 3-12 就是一台机架式服务器。机架式服务器在内部就做了多种结构优化,其设计宗旨主要是为了尽可能减少服务器空间的占用。这种设计不但使服务器的生产和外形有了标准,也使其与其他 IT 设备(如交换机、路由器和磁盘阵列柜等设备)一样,可以放到机架上统一管理。

现在很多互联网的网站服务器采用由专业机构统一托管的方式。网站的经营者其实只是维护网站页面，硬件和网络连接则交给托管机构负责，托管机构会根据受管服务器的高度来收取费用，1U 的服务器在托管时收取的费用比 2U 的要便宜很多，因此，机架服务器有较广泛的市场。

机架式服务器空间比塔式服务器大大缩小，导致其可扩展性和散热问题存在一定不足，因此，机架式服务器应用范围也比较有限，只能专注于某一方面的应用，如远程存储和网络服务的提供等。机架式服务器一般会比同等配置的塔式服务器贵 20%～30%。

（3）刀片式服务器。刀片式服务器是一种高可用、高密度、低成本的服务器，是专门为特殊应用行业和高密度计算机环境设计的，其每一块"刀片"实际上是一块系统主板，它们通过本地硬盘启动自己的操作系统，每一个"刀片"运行自己的系统，服务于指定的不同用户群，相互之间没有关联。不过可以用系统软件将这些"刀片"集合成一个服务器集群。

在这种模式下，所有的主板可以连接起来提供高速的网络环境，可以共享资源，为相同的用户群服务。在集群中插入新的"刀片"，就可以提高整体性能，而且由于每块"刀片"都支持热插拔，因此系统可以轻松地进行替换，并且将维护时间减少到最小。刀片服务器比较适合多操作系统用户的使用，用于大型的数据中心或者大规模计算的领域。如图 3-10 所示为一台刀片式服务器。

刀片式服务器对空间更加节省，集成度更高，从技术发展来看是未来的大趋势，已经成为银行、电信、金融以及各种数据中心所青睐的产品。

3. 服务器的选购

如果用户的资金比较富裕，有空间放置服务器，并有良好的网络连接环境，那么购买一台服务器将是比较好的选择。但是由于服务器的种类繁多，价格差异较大，因此用户需要从自身角度出发，以应用为基点，通盘考虑业务、技术、投资成本、节能环保等各方面因素，确定最合适的选择。

服务器按运行的软件和承担的功能不同，可以分为数据库服务器、应用服务器、网管服务器、邮件服务器、文件服务器、DNS 服务器和计费认证服务器等，不同功能的服务器其硬件要求也不尽相同，如数据库服务器就需要配置大容量、高速的存储系统。

用户可以根据应用软件用户数、数据量、处理能力的要求，将多个功能部署在同一台服务器上，或者将多个功能分别布置在多台服务器上，甚至也可以将同一个功能的服务按照某种规则（如负载均衡原则）分别部署在多台服务器上。对一个特定用户而言，不同应用系统的重要性不尽相同，系统越重要，对其硬件平台的稳定性、可用性要求也就越高。

1）CPU 和内存的选择

CPU 作为计算机系统的核心，其主频、缓存、数量、技术先进性决定了服务器的运算能力，这些指标的提高会增强系统性能，但并非线性提升，具体要参考一些测试指标以及实际应用的情况。在 UNIX 服务器中，CPU 能否支持混插、热插拔将直接影响系统的可用性。扩大内存能够减少系统读取外部存储，提升系统处理性能。

实践中需要根据不同的应用系统选择 CPU 与内存的配比,对耗用内存比较大的应用软件和数据库需要配置更大的内存。

2)硬盘的选择

服务器内置硬盘用于安装和存放系统软件、应用程序及部分数据,可以选择支持内置硬盘较多的服务器来存储数据或者作为文件服务器,不够存储的部分再通过购买磁盘阵列解决。硬盘的主要技术指标包括容量、转数及支持的技术。

为提高磁盘系统的稳定性和可靠性,厂商一般会通过 RAID 技术来增加磁盘容错能力。服务器支持的硬盘主要有 SCSI、SAS、SATA 等,SATA 支持的硬盘容量大,但硬盘转速低,性能不及 SCSI 和 SAS 盘;SAS 和 SCSI 的稳定性和转速高,但容量相对小一些。

3)I/O 的选择

服务器一般都会集成一定的网络接口、管理口、串口、鼠标与键盘接口等,能满足一些基本的应用。但实际应用中可能需要更多外设连接,用户可以通过扩展槽增加适配卡来实现,如增加冗余网络接口卡、磁盘阵列卡、远程管理卡、显卡、串口卡等,这些适配卡的选择因网络连接方式、双机、存储系统连接方式、管理需要等需求不同而有所区别。

4)电源和风扇的选择

对于一些扩容能力较高的服务器,增加一定数量的组件后系统功耗会增加,可通过采用多个电源的方式解决供电不足的问题。另外,电源是有源电子部件,往往还内嵌有风扇这样的易损件,它的故障概率也是很高的,加之一些关键业务系统需要双路供电,所以常常采用冗余设计方式来提高系统的可靠性和可用性。

5)操作系统的选择

(1)Windows 操作系统。各厂商 PC 服务器对于 Windows 系统都能很好地支持。

(2)Linux 操作系统。服务器厂商会对主流 Linux 品牌主要版本进行测试并公布支持性,未经测试的品牌及版本需要用户通过其他渠道确认(如 Linux 系统供应商的成功案例),一般主要涉及驱动程序和补丁包。

(3)UNIX 操作系统。主流 UNIX 服务器都绑定自己的 UNIX 系统,厂商之间的软、硬件不能交叉安装,所以选择一个品牌的服务器,也就选定了操作系统,如基于 SUN Sparc CPU 的服务器安装 Solaris、IBM UNIX 服务器安装 AIX、HP UNIX 服务器安装 UX。

(4)服务器虚拟化软件。虚拟化使用软件的方法可以重新定义划分 IT 资源,能够实现 IT 资源的动态分配、灵活调度、跨域共享,提高 IT 资源利用率,使 IT 资源能够真正成为社会基础设施,服务于各行各业中灵活多变的应用需求,如 VMware ESX Server。

应用软件与服务器是否兼容也是选购时的关键问题。对于新增加的应用系统,需要评估应用软件与硬件平台及操作系统能否兼容;在对现有系统升级扩容时,如果打算更换服务器平台,就必须考虑应用软件迁移移植成本。

在一种操作系统平台上开发运行的应用软件,更换一种新的操作系统平台,需要对现有代码进行重新编译、测试。如果应用软件与操作系统关联度比较大,可能面临修改软件甚至重新开发的情况,对于一些大型软件将是一项复杂的任务。

4. 网站服务器的选购

网站是现代网络中最重要的应用之一,主要需要两种服务的支持:一种是数据库服务;另一种是 Web 服务。

如果是初次建设网站,其规模较小,访问量不大,且以宣传为目的,可以采用租用虚拟主机和空间的方法发布网站;如果网站的规模比较小、访问量不大,但是以电子商务为目的,可以选择入门级的 PC 服务器,并可以将两种服务安装在同一台服务器中;如果网站的规模较大,访问量也较大,就需要选择高级别的工作组级或是部门级的服务器,可以将多种服务分别安装在不同的服务器上,甚至可以进行冗余配置。

网站的开发环境、运行环境及数据存储环境也是选购服务器时需要考虑的问题。

3.2.2　服务器托管

有的企业由于空间不足,可以使用服务器托管的方式进行网站的搭建,即由客户自行采购主机服务器(主机尺寸应按规定选购,比如服务器的 U 数),并安装相应的系统软件及应用软件,放到当地电信、网通或其他 ISP 运营商的 IDC 机房。托管的服务器由客户自己进行维护,或者由其他的授权人进行远程维护。

使用托管可以为用户节省空间,而且由于具有完善机房设施、高品质网络环境、丰富带宽资源和运营经验以及可对用户的网络和设备进行实时监控的网络数据中心,因此系统会更安全、可靠、稳定、高效地运行。不过由于服务器托管是在异地放置的服务器主机,因此其管理与维护只能通过网络来操作,相对来说投入成本也较贵。

3.2.3　租用服务器

租用服务器或是租用网站空间,都是指用户由于种种原因,无法选购主机,只能根据自己业务的需要,提出对硬件配置的要求,从服务提供商处租用一台主机或是一部分空间。

1. 租用服务器

租用服务器(也称为租用独享主机)是指服务器由服务商提供,用户采取租用的方式,安装相应的系统软件及应用软件,以实现用户网站建设的需求。租用服务器使得用户的初期投资减轻,从而可更专注于业务的研发。

2. 租用网站空间

租用网站空间(也称为购买虚拟主机)是指用户从服务提供商处的服务器中租用一部分空间使用,这种方式占用较少的资金,而且用户不用考虑网站空间的安全等问题。但是这种方法会受到较多的限制,如网站空间的大小、数据库的大小以及开发环境和数据库类型等。

 **实训3-2**

租用虚拟主机

【实训目的】

（1）了解租用虚拟主机的方法和步骤。

（2）了解租用虚拟空间和带宽的概念。

（3）了解虚拟空间提供的数据库。

【知识点】

（1）租用虚拟主机是服务器规划的一种形式。

（2）本实训以在中国万网上租用虚拟主机为例，说明虚拟主机申请的步骤和方法。

【实训准备】

具备上网功能的计算机。

【实训步骤】

（1）进入并登录中国万网。

（2）选择要租用的虚拟主机类别。

由于"亲子有声阅读交流网"系初创的中小企业网站，且第一阶段以聚集人气、交流为主，故选择轻云服务器的"菁英版"，如图3-13所示，这里可以看到虚拟主机的带宽类别（独享）、带宽大小（1M）、网页空间（5G）、数据库类别（SQL Server 2008）、数据库空间大小（1G）、支持的网站语言种类（ASP等），还可以选择网站所在的机房、网站的操作系统、购买的时长。

图3-13 选择虚拟主机类别

（3）单击"立即购买"按钮、"去购物车结算"按钮，在结算页面中单击"立即支付"按钮。

（4）在接下来的"核对订单信息"页面中勾选"我已阅读、理解并接受［轻云服务器菁英版在线服务条款］"复选框，然后单击"确认订单，继续下一步"按钮，如图 3-14 所示。

（5）支付订单，即完成虚拟主机的租用。

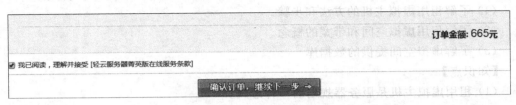

图 3-14　同意服务条款并确认购买

虚拟主机及空间购买后还不能投入使用。按照我国的相关法律规定，租用虚拟主机空间后要进行网站备案。万网本身代用户进行备案，但仍需要用户填写备案信息。

备案的流程如下。

① 用户在万网提供的备案功能中填写主体信息，即网站负责人、网站投资方等相关信息。如果网站是个人的，需要个人的身份证信息；如果网站是企业的，则需要企业的证照等相关证件信息。

② 用户在万网提供的备案功能中填写网站信息，包括网站的名称与用途、网站要使用的域名、负责人信息等内容。这里要注意，如果网站是企业的，网站的名称与用途需要和企业的经营类别有关联。

③ 下载核验单，打印，签上负责人的姓名和日期，然后拍照，留下电子版文件。

④ 用户上传证照的电子版。包括主办单位的证件（企业的是营业执照，个人的是身份证）、主体负责人证件、网站负责人证件和签名的核验单电子版。对于负责人的身份证，要同时上传身份证的正面和背面的电子文件。

⑤ 等万网审核通过后到万网指定的地点拍摄核验照片，也可以向万网申请邮寄背景墙，待收到后自行拍摄。万网对拍摄的核验照片有具体要求，然后将拍到的照片在系统中进行上传即可。

⑥ 万网审核通过后会将备案信息提交到通信管理局审核，通信管理局审核通过后网站就可以开通了。通信管理局审核的时间是 17 个工作日。

3.3　接入规划

随着网络接入数量的增加以及人们对于网络带宽的要求越来越高，传统的用户接入网络的方式已经越来越不适应新形势，成为网络发展的瓶颈，宽带化、综合化、IP 化、智能化已成为用户接入网络的发展新方向。

1. 拨号接入方式

ADSL 是目前 DSL 技术系列中最适合宽带上网的技术，理论上 ADSL 可在 5km 的范围内、在一对铜缆双绞线上实现下行速度达 8Mb/s、上行速率达 1Mb/s 的数据传输。

但由于受骨干网带宽、网站服务器速度以及线路状况的限制并基于经济性等方面的考虑，现阶段运营商在开放 ADSL 接入业务时提供的下行带宽一般限制在 512Kb/s～2Mb/s 范围内。

ADSL 的标准化很完善，产品的互通性很好，随着使用量的增大价格也在大幅下降，而且 ADSL 接入能提供 QoS 服务，且确保用户能独享一定的带宽。ADSL 作为最经济、便捷的宽带接入途径，是目前中国两大固定网络运营商重点发展的宽带技术。

2. 专线接入方式

DDN 专线将数字通信技术、计算机技术、光纤通信技术及数字交叉连接技术等有机地结合在一起，提供了一种高速度、高质量、高可靠性的通信环境，为用户规划、建立自己安全、高效的专用数据网络提供了条件，因此，在多种 Internet 的接入方式中深受广大客户的青睐。

3. 无线接入方式

无线接入方式由于摆脱了线缆的束缚而有着巨大的吸引力。根据终端的可移动特性，宽带无线接入可分为固定无线接入、可小范围低速移动的无线接入（如 WLAN）和可大范围高速移动的无线接入（如 4G）等。

无线局域网（WLAN）是利用无线接入手段的新型局域网解决方案，具有良好的发展前景。它利用射频（RF）技术，使用电磁波取代双绞铜线（Coaxial）构成局域网络，在空中进行通信连接，使得无线局域网能利用简单的存取架构让用户透过它，达到"信息随身化，便利走天下"的理想境界。

4. 电力网接入

电力线通信（Power Line Communication，PLC）技术是指利用电力线传输数据和媒体信号的一种通信方式，也称电力线载波（Power Line Carrier）。把载有信息的高频加载于电流，然后用电线传输到接收信息的适配器，再把高频从电流中分离出来并传送到计算机或电话。

PLC 属于电力通信网，包括 PLC 和利用电缆管道与电杆铺设的光纤通信网等。电力通信网的内部应用，包括电网监控与调度、远程抄表等。面向家庭上网的 PLC，俗称电力宽带，属于低压配电网通信。

5. 局域网接入方式

局域网接入方式能提供的带宽是其他方式无法比拟的，而光纤到户（FTTH）是局域网接入的根本解决手段。现阶段 FTTH 还不是经济可行的，主要是实现光纤到大楼/小区。在光纤到大楼/小区后，实现光纤接入的主要技术手段有 ATM 多业务接入、SDH 接入、千兆以太网接入等有源光纤接入技术和无源光纤接入技术 PON。

本章小结

本章主要介绍了网站规划中的域名规划、服务器规划、接入 Internet 方法的规划的相关内容。本书的示例"亲子有声阅读交流网"，以 www.qinziys.com 为域名，采用租用虚拟主机的方式建设网站。

本章习题

1. 什么是域名？域名的命名规则有哪些？
2. 域名和 IP 地址是什么关系？两者之间转换是通过什么进行的？
3. 如何申请域名？
4. 如何进行服务器规划？
5. 如何进行虚拟主机的租用？
6. 接入 Internet 有哪些方式？哪些是速度最快的？哪些是最经济的？
7. 针对第 2 章习题中的学院网站，进行域名、服务器、接入网络的规划。

第 4 章

平台工具规划

学习目标

> ➤ 掌握 VMware Workstation 软件的使用方法。
> ➤ 掌握 Windows Server 2012 的安装。
> ➤ 掌握 IIS 和 Apache 的安装和配置。
> ➤ 掌握 SQL Server 数据库的安装和使用。

本章将介绍网站建设时所需要的操作系统、Web 服务器和数据库平台的选择、搭建和配置。

4.1 操作系统的选择

当企业要搭建自己的网站时,在服务器规划完成后,必须选择一个适合的操作系统。那么究竟如何选择服务器的操作系统呢?

目前,服务器操作系统主要有三大类:一类是 Windows,其代表产品就是 Windows Server,目前最新的版本是 Windows Server 2012 R2;一类是 UNIX,代表产品包括 HP-UX、IBM AIX 等;还有一类是 Linux,它虽说是"后起之秀",但由于其开放性和高性价比等特点,近年来获得了长足发展。

此外,如果企业需要的服务器数量较多,可采用虚拟化软件集中管理服务器,如 VMware vSphere。

本章主要针对 Windows Server 2012 R2 进行介绍。

4.2 Windows Server 2012 R2

Windows Server 2012 R2 是专为强化网络、应用程序和 Web 服务的功能而设计的,是有史以来最先进的 Windows Server 操作系统。使用 Windows Server 2012 R2 即可在企业中开发、提供和管理丰富的用户体验及应用程序,提供高度安全的网络基础架构,提高和增加技术效率与价值。

安装 Windows Server 2012 R2 的最低配置如下。

- 处理器最低 1.4GHz x64,推荐 2.0GHz 或更高。
- 内存最低 512MB,推荐 2GB 或更多,内存最大支持为 32 位标准版 4GB、企业版和数据中心版 64GB、64 位标准版 32GB、其他版本 2TB。
- 硬盘最少 32GB,推荐 50GB 或更多。
- 安装要求 DVD-ROM 光驱;显示器要求分辨率至少为 SVGA 800×600 或更高。

以上是安装 Windows Server 2012 R2 的最低配置要求,但在使用中,由于 Windows Server 2012 还需要提供各种网络服务,因此,最低配置是远远不够的,安装该操作系统对硬件的配置要求应高出很多。

 实训 4-1

VMware Workstation 的安装和使用

【实训目的】

(1) 了解 VMware Workstation 软件的用途。

(2) 掌握 VMware Workstation 软件的使用方法。

【知识点】

VMware Workstation 是 VMware 公司一款功能强大的桌面虚拟计算机软件,提供用户可在单一的桌面上同时运行不同操作系统的功能,它可在一部实体机器上模拟完整的网络环境,是进行开发、测试、部署新的应用程序的最佳解决方案。

本书采用 VMware Workstation 软件来搭建网站实训环境。

【实训准备】

硬件要求:VMware Workstation 本身对硬件的要求并不是太高,但由于安装 VMware Workstation 的最终目的是在本机上再创建并配置一个虚拟服务器,因此,实训要用的计算机最好是四核以上的 CPU,内存 4GB 以上,8GB 最佳。

软件要求:计算机装有 Windows XP 以上操作系统。如果使用的是 4GB 以上内存,最好使用 64 位操作系统;一个 Windows Server 2012 R2 安装光盘的 ISO 文件;VMware Workstation 软件(版本 8.0 以上)及其合法的使用许可序列号;至少一个已经安装完成的 VMware 虚拟机文件。

【实训步骤】

1. 安装 VMware Workstation

(1) 双击 VMware Workstation 9.0 的安装程序包,启动安装程序向导,如图 4-1 所示。

(2) 单击 Next 按钮,选择安装类型,如图 4-2 所示。VMware Workstation 有 Typical 和 Custom 两种安装类型,对于一般用户,选择 Typical 类型即可。

(3) 选择安装位置,如图 4-3 所示。

(4) 选择是否在软件每次启动时自动进行更新检查,如图 4-4 所示。一般可选择不进行版本更新检查。

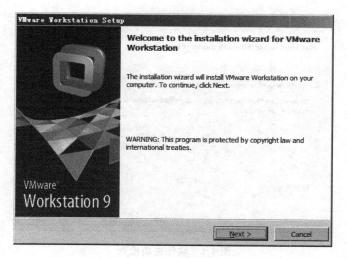

图 4-1 启动安装向导

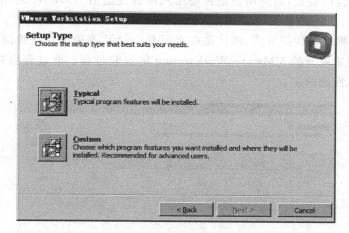

图 4-2 选择安装类型

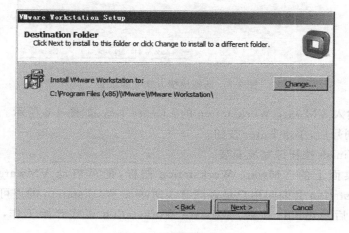

图 4-3 选择安装位置

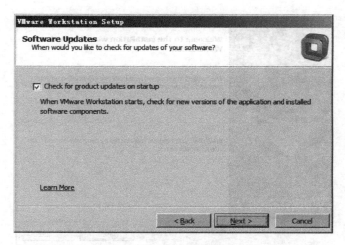

图 4-4　软件更新检查

（5）用户体验的设置，询问用户是否将用户体验发送给 VMware 公司。可根据自己的情况进行设置。

（6）询问在哪建立快捷方式，默认是在桌面和"开始"菜单中建立快捷方式，如图 4-5 所示。设置完成后就开始 VMware Workstation 的安装过程。此过程会持续几分钟，具体时间视计算机性能而定。

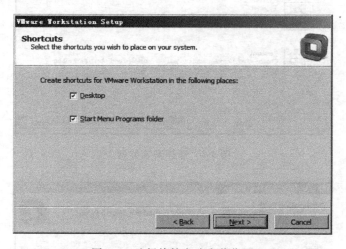

图 4-5　选择快捷方式安装位置

（7）用户输入 VMware Workstation 的 License Key，如图 4-6 所示。输入自己拥有的合法许可序列号后，单击 Enter 按钮。

（8）单击 Finish 按钮即完成安装。

（9）双击桌面上的 VMware Workstation 图标，即可启动 VMware Workstation。VMware Workstation 会询问用户是否同意 VMware Workstation 的许可协议，如图 4-7 所示，选择 Yes 后单击 OK 按钮，VMware Workstation 正式开始工作，其启动界面如图 4-8 所示。

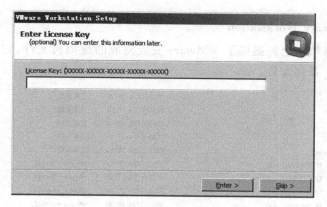

图 4-6　输入 License Key

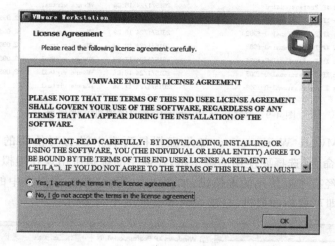

图 4-7　同意使用协议

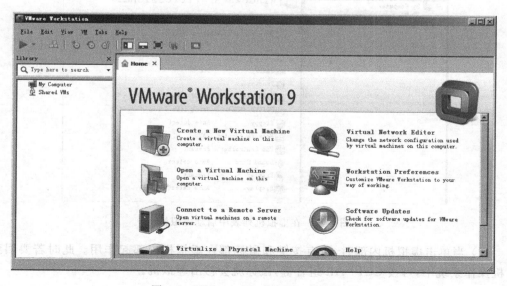

图 4-8　VMware Workstation 启动界面

2. 使用 VMware Workstation

（1）请确认系统中已经提供了 VMware 安装完成的虚拟机文件，它们可能是类似于如图 4-9 所示的一系列文件。

vmware	2015/1/24 18:30	文本文档	518 KB
vmware-0	2015/1/24 17:50	文本文档	110 KB
vmware-1	2015/1/24 17:49	文本文档	388 KB
vmware-2	2015/1/24 17:47	文本文档	234 KB
vprintproxy	2015/1/24 18:30	文本文档	25 KB
Windows XP Professional	2015/1/24 18:29	VMware virtual...	9 KB
Windows XP Professional	2015/1/24 17:50	VMware virtual...	915,776 KB
Windows XP Professional	2015/1/24 17:39	VMware snapsho...	0 KB
Windows XP Professional	2015/1/24 18:30	VMware virtual...	3 KB
Windows XP Professional.vmxf	2015/1/24 17:39	VMwre.VMTeamMe...	1 KB
Windows XP Professional-0	2015/1/24 18:04	VMware virtual...	1 KB
Windows XP Professional-0-f001	2015/1/24 18:29	VMware virtual...	2,096,89...
Windows XP Professional-0-f002	2015/1/24 18:29	VMware virtual...	2,096,89...
Windows XP Professional-0-f003	2015/1/24 18:29	VMware virtual...	2,096,89...
Windows XP Professional-0-f004	2015/1/24 17:53	VMware virtual...	2,096,89...
Windows XP Professional-0-f005	2015/1/24 18:04	VMware virtual...	2,096,89...
Windows XP Professional-0-f006	2015/1/24 17:54	VMware virtual...	1,280 KB

图 4-9　VMware Workstation 的虚拟机文件列表

（2）启动 VMware Workstation，如果虚拟机列表中没有要使用的虚拟机，请选择 File→Open 菜单命令，选择要使用的虚拟机，让使用的虚拟机出现在虚拟机列表中；如果虚拟机列表中已经有了要使用的虚拟机，如图 4-10 所示，单击虚拟机中的 Power on this virtual machine 即可启动虚拟机，启动后的界面如图 4-11 所示。

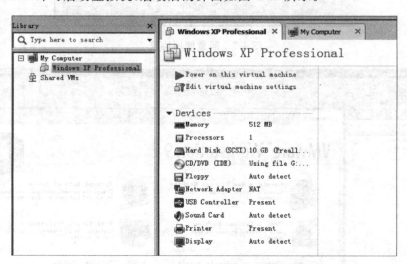

图 4-10　在虚拟机列表中启动虚拟机

（3）当单击虚拟机内部时，所有按键和鼠标都在虚拟机内部起作用。此时若要回到主机操作系统中，可按 Ctrl＋Alt 组合键，鼠标就会移出虚拟机。

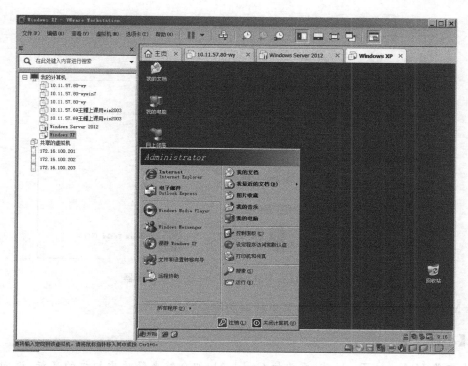

图 4-11 启动虚拟机界面

【小贴士】

安装的 VMware Workstation 的操作系统称为主机操作系统，VMware Workstation
运行的操作系统称为虚拟机。

（4）为了更好地使用虚拟机，可安装 VMware Tools。

启动虚拟机后，如图 4-12 所示，选择 VM→Install VMware Tools 菜单命令。此时在
虚拟机的资源管理器中会出现一个带有 VMware Tools 标识的光盘盘符，如图 4-13 所
示。双击该盘符，虚拟机会自动启动 VMware Tools 的安装向导。按向导操作选择"典型
方式"即可完成安装。

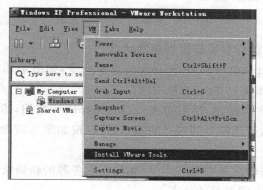

图 4-12 安装 VMware Tools

图 4-13　载有 VMware Tools 的资源管理器

VMware Tools 安装完成后需要重新启动虚拟机后生效。

【小贴士】

未安装 VMware Tools 前，需要按 Ctrl＋Alt 组合键来释放虚拟机的鼠标，返回主机操作系统；安装了 VMware Tools 后，鼠标可以直接移出虚拟机，即主机与虚拟机之间可以自由切换。

主机与虚拟机之间、虚拟机与虚拟机之间可以自由复制、移动文件或文件夹。主机与虚拟机之间可以同步时间。

（5）单击全屏按钮，可将虚拟机全屏显示，如图 4-14 所示。

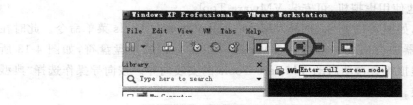

图 4-14　虚拟机全屏显示按钮

（6）可通过快照功能保存虚拟机当前的状态。

① 选择 VM→Snapshot→Take Snapshot 菜单命令，如图 4-15 所示。

② 此时会弹出如图 4-16 所示的对话框。

③ 输入快照的名称和描述，然后单击 Take Snapshot 按钮，虚拟机就将当前的系统状态生成了快照。以后若想恢复到快照的状态，可以按如图 4-17 所示操作恢复到选定该快照名称的状态。

这个操作对于服务器配置非常有用，可先保留服务器的初始状态，这样一旦因配置失败，就可以及时恢复到未配置时的状态。

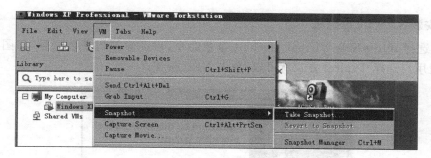

图 4-15 建立快照

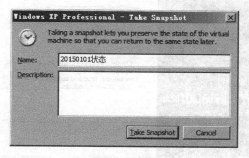

图 4-16 保存快照

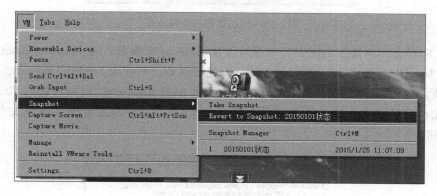

图 4-17 恢复快照

（7）可通过 Suspend 命令挂起当前的虚拟机系统，即虚拟机的运行状态都被保存下来，如图 4-18 所示。

需要重新运行时就可以通过单击 Resume this virtual machine 命令来继续虚拟机的运行，如图 4-19 所示。

图 4-18 Suspend 挂起命令

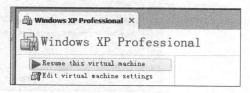

图 4-19 继续虚拟机运行的 Resume 命令

3. 安装 VMware 虚拟机

（1）选择 File→New Virtual Machine 菜单命令，启动虚拟机安装向导，如图 4-20 所示。一般用户选择 Typical 方式就可以，单击 Next 按钮。

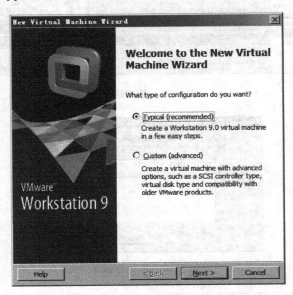

图 4-20　启动虚拟机安装向导

（2）向导会询问操作系统安装来源的位置，如图 4-21 所示。有 Installer disc（从光盘安装）和 Installer disc image file(iso)（从 iso 光盘映像文件安装）两种安装方式。如果从光盘安装，需要在光驱中插入安装盘；如果从光盘映像文件安装，则需要通过 Browse 按钮选定光盘映像文件。这里选择 Windows Server 2012 R2 的光盘安装映像文件，单击 Next 按钮。

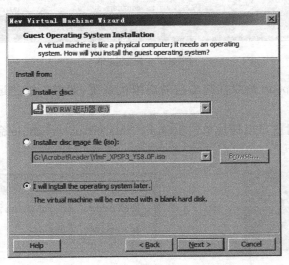

图 4-21　选择操作系统安装来源

（3）让用户设置虚拟机的显示名称和虚拟机文件保存位置，如图 4-22 所示。根据需要进行输入和选择，然后单击 Next 按钮。

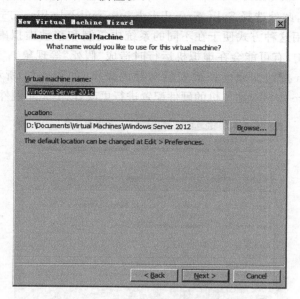

图 4-22　指定虚拟机名称和保存位置

（4）向导要求设定虚拟机硬盘容量和硬盘的设置，如图 4-23 所示。硬盘的设置包括以下内容。

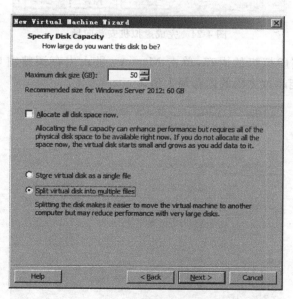

图 4-23　设定虚拟机硬盘容量

① Allocate all disk space now，这个方式可以提高虚拟机的使用性能，但需要在设置时立即分配磁盘空间。

② Store virtual disk as a single file,将虚拟磁盘存储为一个文件。

③ Split virtual disk into multiple files,将虚拟磁盘存储为多个文件。

如图 4-23 所示,此处选择 Split virtual disk into multiple files 方式(分配的磁盘空间大小为 50GB)。使用这种方式便于在不同的系统中复制和移动虚拟磁盘文件,但对虚拟机的性能有不良影响,有可能会在虚拟机运行时造成"假死"等现象。

(5)单击 Finish 按钮完成虚拟机安装向导的操作,如图 4-24 所示。此时也可单击 Customize Hardware 按钮对虚拟机的硬件配置进行更改,以下是对硬件配置更改的操作。

图 4-24 完成虚拟机安装向导

(6)如果要调整虚拟机的内存,单击 Memory 进入内存调整窗口,如图 4-25 所示。虚拟机内存最大不能超过主机的内存最大值。

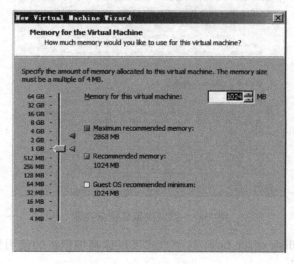

图 4-25 设定虚拟机内存大小

（7）如果要更改网络连接方式，单击 Networking 进入网络连接方式设置对话框，如图 4-26 所示。设定网络的连接有以下 4 种方式。

① Use bridged networking（桥接方式）：虚拟机和主机一样，拥有独立的 IP 地址，可以在网络之间相互访问。

② Use network address translation(NAT)（NAT 方式即网络转换地址方式）：虚拟机可以通过主机访问其他工作站，但其他工作站无法访问该虚拟机。

③ Use host-only networking（主机网络方式）：虚拟机与主机拥有同样的 IP，虚拟机无法上 Internet。

④ Do not use a network connection（无网络连接）：虚拟机不接入网络。

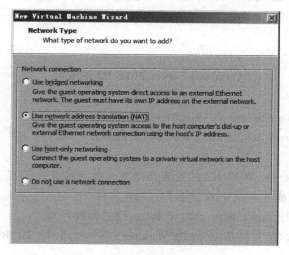

图 4-26 设定网络连接方式

（8）如果要为虚拟机增加新硬盘，单击 Hard Disk 进入增加硬盘对话框，如图 4-27 所示。有以下 3 种添加硬盘的方式。

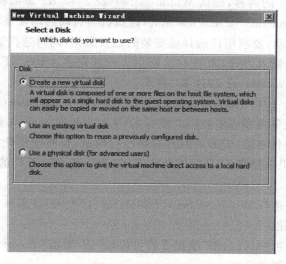

图 4-27 增加硬盘

① Create a new virtual disk：创建一个新的虚拟磁盘。

② Use an existing virtual disk：使用一个已经存在的虚拟磁盘。

③ Use a physical disk(for advanced users)：使用一个物理磁盘。

这里选择第一种方式，直接创建虚拟磁盘。单击 Next 按钮，接下来是设置虚拟磁盘的类型，有 IDE 和 SCSI 两种方式。服务器选择 SCSI 磁盘。

单击 Next 按钮，接下来的操作就同图 4-23 一样了。

（9）设置虚拟机磁盘文件的名称。可按默认值单击 Next 按钮，此时就完成了虚拟机安装的设置步骤。虚拟机已经出现在 VMware Workstation 的虚拟机列表中了。

此时单击 Power on this virtual machine 就可以正式开始安装 Windows Server 2012 R2 了。

 **实训 4-2**

Windows Server 2012 R2 的安装

【实训目的】

（1）了解 Windows Server 2012 R2 的安装。

（2）掌握 Windows Server 2012 R2 的简单配置。

【实训准备】

（1）Windows Server 2012 R2 的安装光盘或光盘映像文件。

（2）已经安装完成的 VMware Workstation 软件。

（3）具有符合 Windows Server 2012 R2 运行的硬件环境。

（4）规划好每台学生机所运行的 Windows Server 2012 R2 的 IP 地址和服务器名称。

【实训步骤】

1. 安装 Windows Server 2012 R2

（1）继续实训 4-1 的内容，确认 Windows Server 2012 R2 虚拟机的安装映像文件是正确的，单击 Power on this virtual machine，虚拟机会自动启动安装程序。

（2）安装程序启动，要求用户选择要安装的语言类型，同时选择适合自己的时间和货币显示种类及键盘和输入方式，如图 4-28 所示。设置完成后单击"下一步"按钮。

（3）选择 Windows Server 2012 R2 版本。

Windows Server 2012 R2 有 Standard(标准版) 和 Datacenter(数据中心版)两个版本，每个版本又有"服务器核心安装"和"带有 GUI 的服务器"两种安装方式。

如果选择服务器核心版，安装后只具有命令行模式，没有图形化界面，类似 UNIX 不安装 GUI 界面。如果选择带 GUI 的安装方式，安装后和平时看到的 XP 类似，具有图形化的操作界面。

如图 4-29 所示，选择 Windows Server 2012 R2(带有 GUI 服务器的核心)的安装方式，单击"下一步"按钮。

（4）出现使用许可协议，选中"我接受许可协议"后，单击"下一步"按钮。

（5）设置安装的硬盘分区。

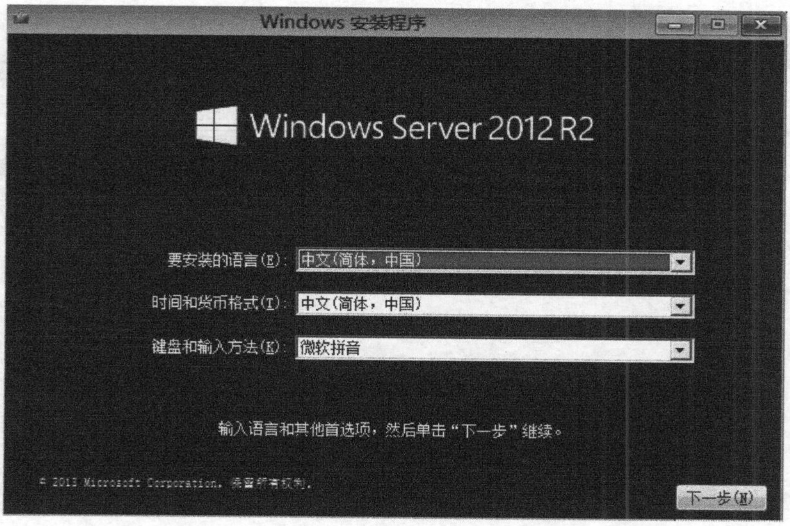

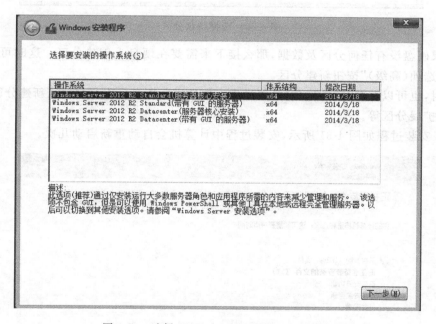

图 4-28 安装程序启动界面

图 4-29 选择 Windows Server 2012 R2 版本

设置安装分区,如图 4-30 所示。Windows Server 2012 R2 只能安装在 NTFS 格式分区下,并且分区剩余空间必须大于 8GB。如果使用 SCSI、RAID 或者 SAS 硬盘,安装程序无法识别硬盘,那么就需要在这里提供驱动程序。

单击"加载驱动程序"图标,然后按照屏幕上的提示提供驱动程序,即可继续。加载驱动程序可以从 U 盘或移动硬盘等设备中直接进行。安装驱动程序后,可单击"刷新"按钮让安装程序重新搜索硬盘。

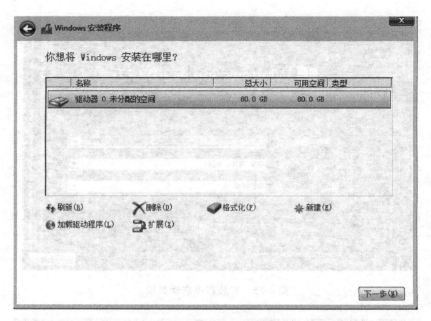

图 4-30　选择硬盘分区

　　如果硬盘没有任何分区及数据,那么接下来需要在硬盘上创建分区。这时可以单击"驱动器选项(高级)"按钮新建分区。

　　同时,也可以在"驱动器选项(高级)"中方便地进行磁盘操作,如删除、新建分区,格式化分区,扩展分区等。

　　(6) 安装过程如图 4-31 所示,安装过程中计算机会自动重新启动几次。

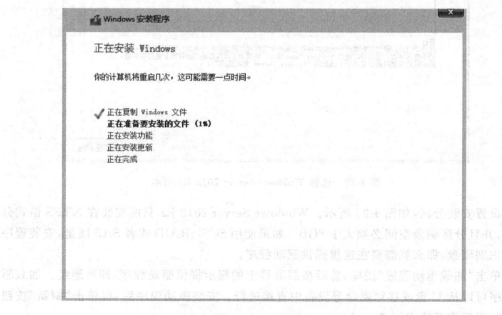

图 4-31　安装过程

（7）安装重新启动后要求输入新的密码，如图4-32所示。

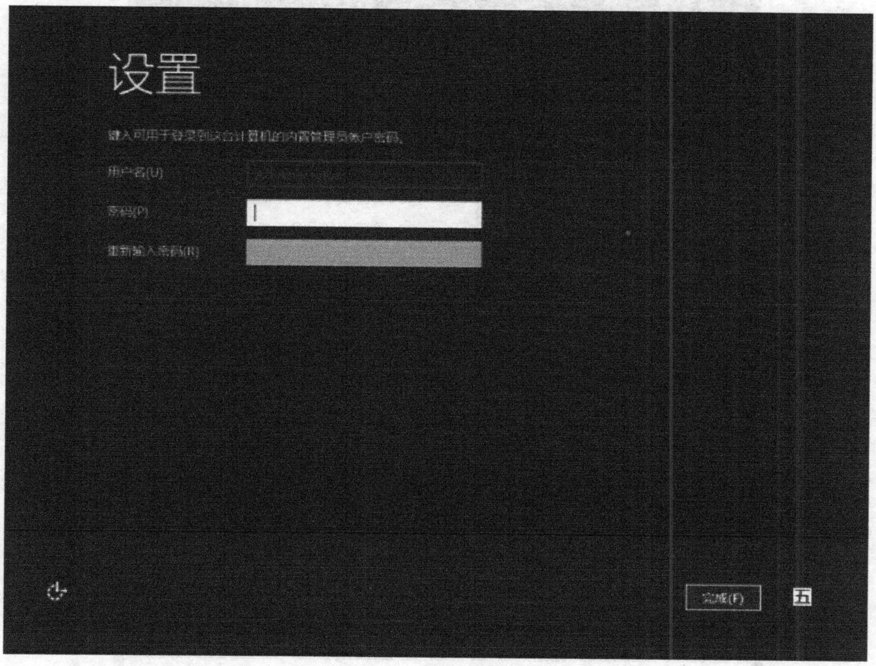

图4-32　设置管理员密码

　　Windows Server 2012 R2默认的密码规则是复杂密码，即要具有大写字母、小写字母、数字、特殊字符中至少两种。所以设置时需注意，过于简单或单一的字符是不被接受的。设置完成后，单击"完成"按钮。

　　（8）此时系统进入登录界面，要求使用Ctrl＋Alt＋Delete组合键进行登录。在VMware Workstation虚拟机中，可单击VM→Send Ctrl＋Alt＋Del命令执行此操作。输入密码后，进入了Windows Server 2012 R2启动界面。Windows Server 2012 R2会自动启动服务器管理器仪表板，如图4-33所示。

　　（9）在Windows Server 2012 R2虚拟机中安装VMware Tools，方法同前。

2. 修改 Windows Server 2012 R2 服务器名称

选择"开始"→"这台电脑"→"属性"，修改计算机名称。

3. 配置 Windows Server 2012 R2 的 IP 地址

（1）选择"开始"→"这台电脑"→"网络"命令，选择网络属性，单击"以太网"。选择属性，弹出如图4-34所示的对话框。

（2）选择"Internet协议版本4（TCP/IPv4）"选项，单击"属性"按钮，弹出如图4-35所示的对话框。

（3）根据实际网络情况，输入服务器的IP地址、子网掩码、默认网关、DNS等信息，然后单击"确定"按钮，服务器IP地址即设置成功。

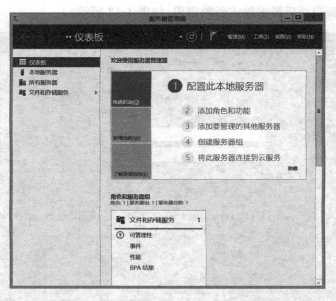

图 4-33　启动界面

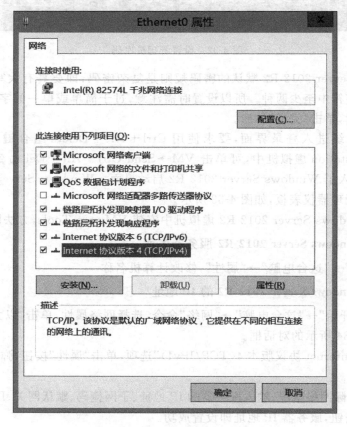

图 4-34　"以太网 属性"对话框

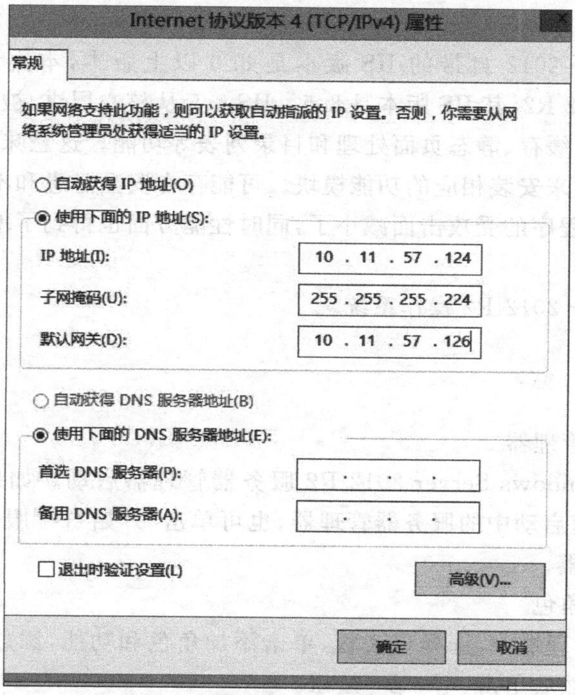

Internet 协议版本 4 (TCP/IPv4) 属性

常规

如果网络支持此功能,则可以获取自动指派的 IP 设置。否则,你需要从网络系统管理员处获得适当的 IP 设置。

○ 自动获得 IP 地址(O)
● 使用下面的 IP 地址(S):

IP 地址(I): 10 . 11 . 57 . 124
子网掩码(U): 255 . 255 . 255 . 224
默认网关(D): 10 . 11 . 57 . 126

○ 自动获得 DNS 服务器地址(B)
● 使用下面的 DNS 服务器地址(E):

首选 DNS 服务器(P): . . .
备用 DNS 服务器(A): . . .

□ 退出时验证设置(L)   高级(V)...

确定   取消

图 4-35 IP 设置

【小贴士】

Windows Server 2012 R2 是需要购买取得授权的,现在这种安装并没有激活 Windows Server 2012 R2,因此安装后相当于试用版,试用版不影响功能的使用,但只能在试用有效期内使用,过期就无法使用了。

4.3 Web 服务器

4.3.1 IIS 服务器

IIS(Internet Information Services,Internet 信息服务)是微软公司提供的运行在 Windows Server 系统的一个重要的服务器组件,主要向客户提供各种 Internet 服务,如架设 Web 服务器、提供用户网页浏览服务、架设新闻组服务器、提供文件传输服务、架设邮件服务器等功能。

 **实训 4-3**

IIS 的安装和配置

【实训目的】

(1) 了解 IIS 的作用。

(2) 掌握 IIS 的安装、配置。

【知识点】

Windows Server 2012 自带的 IIS 版本是 8.0 以上版本,本实训用的操作系统是 Windows Server 2012 R2,其 IIS 版本是 8.5。IIS 8.5 从核心层讲,被分割成 40 多个不同功能的模块,如验证、缓存、静态页面处理和目录列表等功能。这意味着 Web 服务器可以按照用户的运行需要来安装相应的功能模块。可能存在安全隐患和不需要的模块将不会再加载到内存中去,程序的受攻击面减小了,同时性能方面也得到了增强。

【实训准备】

Windows Server 2012 R2 操作系统。

【实训步骤】

1. 安装 IIS

1)启动服务器管理器

默认情况下,Windows Server 2012 R2 服务器管理器启动。如果没有启动,可选择"开始"菜单右侧快速启动中的服务器管理器,也可单击"开始"→"服务器管理器"菜单命令,启动服务器管理器。

2)增加服务器角色

(1)在服务器管理器中,选择仪表板,单击添加角色和功能,添加角色和功能向导启动,如图 4-36 所示,然后单击"下一步"按钮。

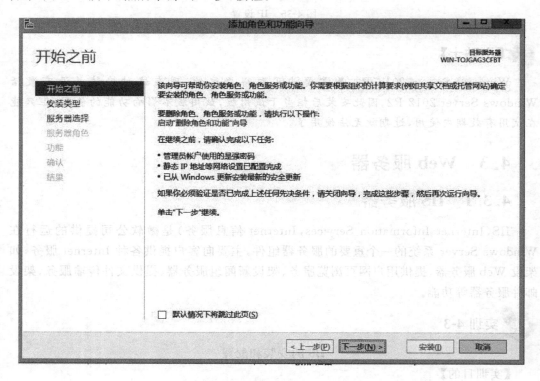

图 4-36 添加角色和功能向导

（2）选择"基于角色或基于功能的安装"，单击"下一步"按钮。

（3）选择服务器为本机，单击"下一步"按钮。

3）安装 Web 服务器角色

（1）如图 4-37 所示为"选择服务器角色"对话框。在"角色"列表框中选中"Web 服务器(IIS)"复选框，单击"下一步"按钮，系统会给出确认提示。

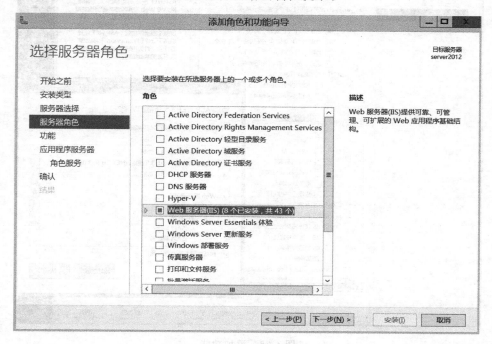

图 4-37　选择服务器角色

（2）此时单击"添加功能"，出现如图 4-38 所示的界面。勾选所需要的功能，如.NET Framework 3.5 功能（此项功能在勾选了 ASP.NET 3.5 功能后会弹出一个添加.NET Framework 3.5 功能的对话框，只要单击"添加功能"即可）、FTP 服务器（此项也可先不添加，以后需要时再添加）、IIS 管理控制台、常见 HTTP 功能等内容，然后单击"下一步"按钮。

（3）单击"安装"按钮，系统会自动安装新添加的功能。

（4）安装完成后单击"关闭"按钮，完成安装。

（5）IIS 启动界面如图 4-39 所示。

2. 在 IIS 上配置 Web 服务器

1）配置 IP 地址和端口

（1）单击"开始"→"服务器管理器"→"Internet Information Services(IIS)管理器"菜单命令，打开 Internet 信息服务(IIS)管理器窗口，如图 4-39 所示。

（2）在 IIS 管理器中选择默认站点，在右侧"操作"栏中单击"绑定"，出现如图 4-40 所示的"网站绑定"对话框。默认"端口"为 80，使用本地计算机中的所有 IP 地址。

图 4-38　添加功能

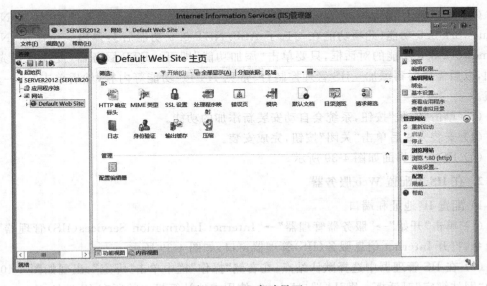

图 4-39　IIS 启动界面

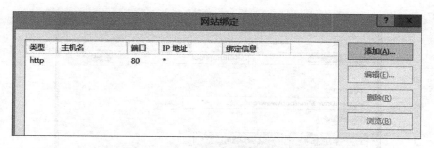

图 4-40 Internet 信息服务(IIS)管理器窗口

（3）选择该网站，单击"编辑"按钮，显示如图 4-41 所示的"添加网站绑定"对话框，在"IP 地址"下拉列表框中选择欲指定的 IP 地址。在"端口"文本框中可以更改 Web 站点的端口号，且不能为空。"主机名"文本框用于设置用户访问该 Web 网站时的域名，当前可保留为空。

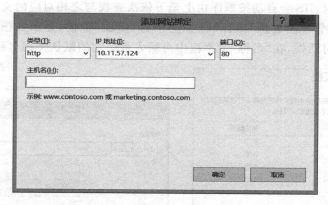

图 4-41 "添加网站绑定"对话框

（4）设置完成后，单击"确定"按钮保存设置，并单击"关闭"按钮。此时，在 IE 浏览器的地址栏中输入 Web 服务器的地址，就可以正常访问之前设置的 Web 网站了。

2）配置主目录

主目录也就是网站的根目录，用于存放 Web 网站的网页、图片等数据，默认路径为 C:\Intepub\wwwroot。数据文件和操作系统放在同一磁盘分区中，会存在安全隐患，并可能影响系统运行，因此应设置为其他磁盘或分区。

打开 IIS 管理器，选择欲设置主目录的站点，在右侧窗格的"操作"栏中单击"基本设置"，显示如图 4-42 所示的"编辑网站"对话框，单击"物理路径"文本框右侧的按钮选择网站根目录，或直接在"物理路径"文本框中输入主目录路径，最后单击"确定"按钮。

3）指定默认文档

用户访问网站时，通常只需输入网站域名即可，无须输入网页的文件名，实际上此时显示的网页就是默认文档。一般情况下，Web 网站至少有一个默认文档，当用户使用 IP 地址或域名访问且没有输入网页名时，Web 服务器就会显示默认文档的内容。

（1）在 IIS 管理器的左侧树形列表中选择默认站点，在中间窗格显示的默认站点主页

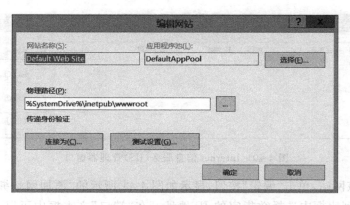

图 4-42　"编辑网站"对话框

中,双击 IIS 选项区域的"默认文档"图标,显示所有的"默认文档"列表,如图 4-43(a)所示。当用户访问时,IIS 会自动按顺序由上至下依次查找与之相对应的文件名。

(2) 单击 IIS 管理器右侧"操作"任务栏中的"添加"链接,显示如图 4-43(b)所示的"添加默认文档"对话框,在"名称"文本框中可输入欲添加的默认文档名称。

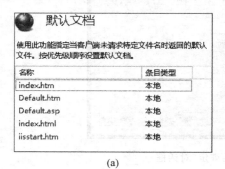

(a)

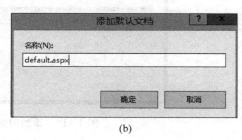

(b)

图 4-43　添加默认文档

(3) 单击"确定"按钮,即可添加该默认文档。新添加的默认文档自动排列在最下方,可通过单击右侧"操作"栏中的"上移"和"下移"超链接来调整各个默认文档的顺序。

3. 禁用匿名访问

默认状态下,允许所有的用户匿名连接 IIS 网站,即访问时不需要使用用户名和密码登录。如果对网站的安全性要求高或网站中有机密信息,就需要对用户加以限制,禁止匿名访问,而只允许特殊的用户账户才能进行访问。

(1) 在 IIS 管理器中,选择欲设置身份验证的 Web 站点。

(2) 在站点主页窗口中,双击"身份验证",显示"身份验证"窗口。默认情况下,"匿名身份验证"为"已启用"状态。

(3) 右击"匿名身份验证",单击快捷菜单中的"禁用"命令,即可禁用匿名用户访问,如图 4-44 所示。

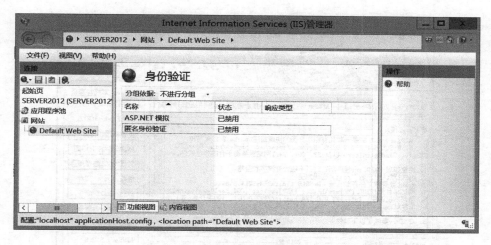

图 4-44 "身份验证"窗口

4.3.2 Apache 服务器

Apache HTTP Server(简称 Apache)是 Apache 软件基金会的一个开放源码的网页服务器,可以在大多数计算机操作系统(如 UNIX、Windows、Linux)平台上运行,由于其多平台和安全性而被广泛使用,是最流行的 Web 服务器端软件之一。

 **实训 4-4**

Apache 的安装和配置

【实训目的】

(1) 了解 Apache 的作用。

(2) 掌握 Apache 的安装、配置。

【实训准备】

Apache 的 Windows 安装包或 APMServ 软件。

【知识点】

本实训将通过 APMServ 软件介绍 Apache 软件的配置。APMServ 是一款拥有图形界面,能在 Windows 操作系统中快速搭建 Apache、PHP、MySQL、Nginx、Memcached、phpMyAdmin、OpenSSL、SQLite、ZendOptimizer 以及 ASP、CGI、Perl 网站服务器平台的绿色软件。它无须安装,具有灵活的移动性。使用时只需单击 APMServ.exe 中的启动按钮,即可自动进行相关设置,将 Apache 和 MySQL 安装为系统服务并启动。对虚拟主机、虚拟目录、端口更改、SMTP、上传大小限制、自动全局变量、SSL 证书制作、缓存性能优化等设置,只需单击即可完成。

【实训步骤】

(1) 将下载的 APMServ 软件解压,存放在某个目录中。

(2) 运行 APMServ.exe 文件,界面如图 4-45 所示。

(3) 设定 APMServ 界面左下方的 Apache 的端口号(即网站的端口)。如果服务器

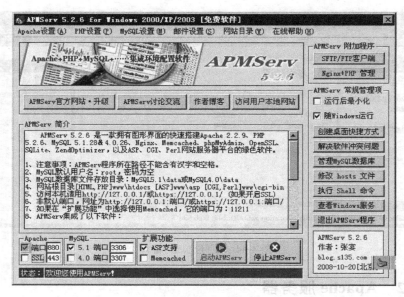

图 4-45　APMServ 界面

上已经有 80 端口的网站在运行，Apache 端口一定要修改。如果端口号已经被使用，启动 APMServ 会发生错误。如果不需要安全连接，SSL 复选框可不勾选。

（4）选中 MySQL 的版本，端口一般不需要修改。如果端口被占用才需要修改端口号。

（5）如果网站要使用 ASP 技术，则需要将"扩展功能"的"ASP 支持"选中。

（6）如果要将 APMServ 的管理随服务器启动而启动，可选中"随 Windows 运行"复选框。

（7）单击"启动 APMServ"按钮，系统将会启动 Apache 服务和 MySQL 数据库。

（8）如果要管理 MySQL 数据库，可单击"管理 MySQL 数据库"按钮，进行 MySQL 数据库的管理。

（9）Apache 的配置是通过 httpd.conf 文件来实现的。APMServ.exe 所在的目录下有个 Apache 文件夹，找到 Apache 文件夹内的 conf 文件夹，用记事本（或其他的文字编辑工具）打开其中的 httpd.conf 文件。

① 修改网站主目录。查找 DocumentRoot 及 Directory，配置文件中会有以下配置项：

```
DocumentRoot "XXX"

<Directory "XXX"></Directory>
```

"XXX"代表的是网站的主目录，可以根据需要修改（这两处需要同时修改）。

② 设定网站默认文档。查找 DirectoryIndex 配置项：

```
<IfModule dir_module>
    DirectoryIndex index.html index.htm default.htm index.php
</IfModule>
```

DirectoryIndex 后面的就是默认文档,即网站的默认首页名称,系统会依次寻找到名称匹配的文件名。

③ 设置网站的域名或 IP、端口号。查找 ServerName 配置项,如下面的配置:

```
ServerName 10.11.57.124:80
```

表示当前网站的 IP 地址是 10.11.57.124,使用的端口是 80。

4.4 数据库

网站建设中,数据库是一个很重要的组成部分。选择什么样的数据库与网站的需求有关。

本节将通过实训来介绍 SQL Server 2012 的安装、配置和使用。

 **实训 4-5**

SQL Server 2012 安装

【实训目的】

(1) 了解 SQL Server 2012。

(2) 掌握 SQL Server 2012 的安装。

【实训准备】

(1) 已经安装完成的 Windows Server 操作系统。

(2) SQL Server 2012 的安装文件。

【知识点】

SQL Server 2012 是微软公司运行在 Windows 平台上的数据库软件。

【实训步骤】

(1) 获取 SQL Server 2012 的安装程序。可以通过购买的方式得到 SQL Server 2012 的安装程序和授权。在微软的网站上也可以下载 SQL Server 2012 的试用版。得到安装程序后双击安装目录中的 setup.exe 文件,运行安装向导,开始安装过程,如图 4-46 所示。

图 4-46 启动 SQL Server 2012 的安装向导

(2) 如果系统中以前没有安装过 SQL Server,请在图 4-46 中选择"全新 SQL Server 独立安装或向现有安装添加功能"执行全新的安装。如果以前安装过 SQL Server 2005 以上的版本,可选择最后一项升级安装。

(3) 当选择全新安装后,向导会进行安装程序支持规则的检查。只有支持的规则全部通过后才能单击"确定"按钮进入下一步的安装。如果检查没有通过,请按要求修改环境配置,使环境满足 SQL Server 2012 安装的要求。

(4) 输入产品密钥。如果下载的是试用版,可选择 Evaluation(评估)版本。

(5) 接受微软公司的使用许可条款。

(6) 选择产品更新,如果 SQL Server 2012 有了新的补丁程序,系统在安装时会自动连接到微软的网站,将新补丁一起下载进行安装。

(7) 系统自动安装"安装程序文件",此步骤时间较长。

(8) 设置角色。新的安装应选择"SQL Server 功能安装"。

(9) 选择"功能",可在此选中添加需要的功能,如图 4-47 所示。

(10) 设置实例。可选择默认实例或自定义实例名称,还可以设置实例安装的位置。

(11) 系统会显示程序安装所占用的磁盘空间,若没有问题可进入下一步。

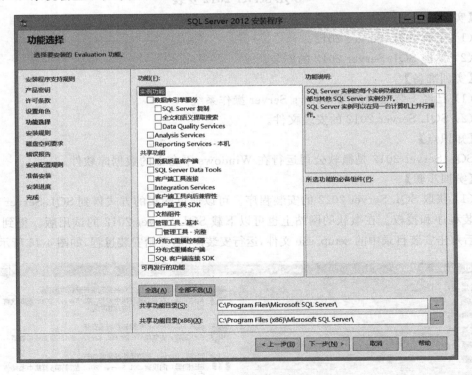

图 4-47 选择安装功能

(12) 服务器配置。用户可在此对 SQL Server 2012 不同的服务器分别设置不同的管理密码,如图 4-48 所示。

(13) 数据库引擎配置。在此可设置身份验证模式,对于要通过应用程序访问 SQL

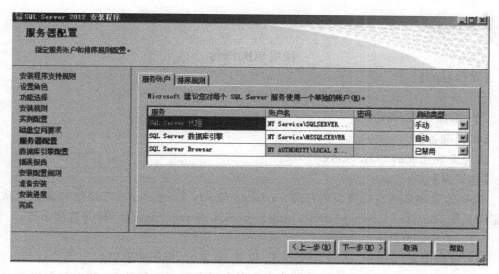

图 4-48　服务器配置

Server 数据库,需要设为混合模式,为数据库管理员 sa 设定密码,并添加指定 Windows 身份的数据库管理员。

(14)显示上述所有步骤的操作选择情况,若没有其他问题,可以开始安装。

(15)安装过程要视计算机的性能而定,安装完成后界面如图 4-49 所示。

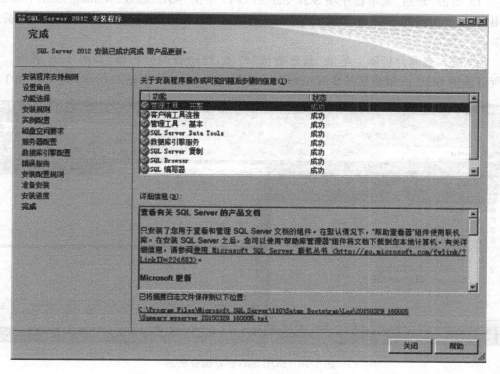

图 4-49　安装完成

实训 4-6

使用 SQL 语句

【实训目的】

(1) 掌握 SQL Server 查询分析器的使用。

(2) 掌握 SQL 语句。

【实训准备】

已经安装完成的 SQL Server 2012。

【知识点】

SQL 的全称是结构化查询语言(Structured Query Language),它是绝大多数关系型数据库系统(如 Oracle、Sybase、DB2、Informix、SQL Server、Access 等)的查询语言。

SQL 主要分为以下 3 个部分。

(1) 数据定义(DDL)。用于定义 SQL 模式、基本表、视图和索引。

(2) 数据操纵(DML)。数据操纵分为数据查询和数据更新两类,其中数据更新又分为插入、删除和修改 3 种操作。

(3) 数据控制(DCL)。数据控制包括对基本表和视图的授权、完整性规则的描述、事务控制语句等。

【实训步骤】

(1) 单击"开始"菜单程序项 SQL Server 2012 中的 SQL Server Management Studio,使用 Windows 身份验证方式或 SQL Server 身份验证方式连接到 SQL Server 数据库引擎。

(2) 进入查询分析器。单击"新建查询"按钮,启动查询分析器,如图 4-50 所示。后面所讲述的 SQL 语句全部需要写在查询分析器的窗口中(如图 4-50 所示的框线位置)。

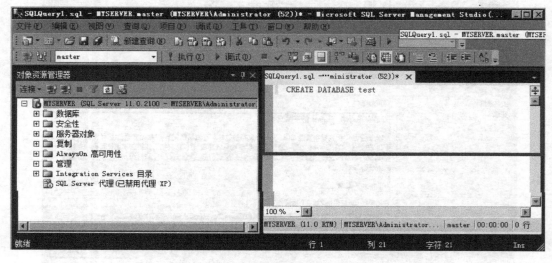

图 4-50　SQL Server 查询分析器

（3）使用 SQL 数据定义语句。

① 创建数据库，SQL 语句格式如下：

CREATE DATABASE <数据库名称>

如：

CREATE DATABASE test

创建一个名为 test 的数据库。

② 删除数据库，SQL 语句格式如下：

DROP DATABASE <数据库名称>

如：

DROP DATABASE test

删除名为 test 的数据库。

③ 创建数据表，SQL 语句格式如下：

CREATE TABLE <表名>(<字段名称 1> <数据类型> [NOT NULL] [PRIMARY KEY],<字段名称 2> <数据类型> [NOT NULL], …)

如下面的代码创建了两个表，即 class 和 student 表：

```
CREATE TABLE [dbo].[class](
    [classid] [int] IDENTITY(1,1) NOT NULL PRIMARY KEY,
    [classname] [nvarchar](15) NULL)
CREATE TABLE [dbo].[student](
    [sno] [nvarchar](8) NOT NULL PRIMARY KEY,
    [name] [nvarchar](10) NULL,
    [sex] [nvarchar](1) NULL,
    [birthdate] [smalldatetime] NULL,
    [classid] [int] NOT NULL)
```

这两个表的结构如下：

student(sno,name,sex,birthdate,classid)
class(classid,classname)

④ 删除数据表，SQL 语句格式如下：

DROP TABLE <表名>

如：

DROP TABLE class

删除了创建的 class 表。

⑤ 修改数据表结构,SQL 语句格式如下:

```
ALTER TABLE <表名> ADD <字段名称> <数据类型>
```

如:

```
ALTER TABLE student ADD prof nvarchar(50)
```

这行代码为 student 数据表添加了一个新的字段 prof。

（4）使用 SQL 数据操纵语言。

① 向数据表插入新记录,SQL 使用 INSERT 语句,其语句语法如下:

```
INSERT INTO 表名(字段列表) VALUES (值列表)
```

如下面的语句,将向 student 表插入一条记录:

```
INSERT INTO student(sno,name,sex,birthdate,classid,prof)
    VALUES('20150101','吴填天','女','1995/02/02',5,'企业管理')
```

② 删除数据表中的某条记录,SQL 使用 DELETE 语句,其语句语法如下:

```
DELETE FROM <表名> WHERE <条件>
```

如下面的语句将删除 sno 为 20150101 的学生记录:

```
DELETE FROM student WHERE sno = '20150101'
```

③ 修改数据表中的某条记录,SQL 使用 UPDATE 语句,其语句语法如下:

```
UPDATE <表名> SET 字段名 1 = 值 1,字段名 2 = 值 2, … WHERE <条件>
```

如下面的代码将学号为 20150102 的学生班级调整到编号为 8 的班级:

```
UPDATE student SET classid = 8 WHERE sno = '20150102'
```

④ 查询记录,SQL 使用 SELECT 语句。其基本的语句语法如下:

```
SELECT [ALL|DISTINCT] [TOP N] * |<字段列表> FROM <表名 1>[,<表名 2>]
    [WHERE 条件表达式] [GROUP BY <字段名>[HAVING<条件表达式>]]
    [ORDER BY <字段名>[ASC|DESC]]
```

说明:

➢ ALL 表示所有的记录,默认即为 ALL;DISTINCT 表示重复的记录只选取第一条;TOP N 表示从记录中选择前 N 条; * 表示选择表中所有的字段;<字段列表>表示查询指定的字段,字段之间要用英文状态的逗号分开。

➢ FROM 子句用于指定一个或多个表,如果所选的字段来自不同的表,则字段名前应加表名前缀。

> WHERE 子句用于限制记录的选择。
> GROUP BY 和 HAVING 子句用于分组和分组过滤处理。它能把在指定字段列表中有相同值的记录合并成一条记录。如果在 SELECT 子句中含有 SQL 合计函数,如 SUM 或 COUNT,那么就为每条记录创建摘要值。HAVING 子句用于对 GROUP BY 分组的记录进行条件的筛选。
> ORDER BY 子句决定查找出来的记录的排列序列。ASC 代表升序,DESC 代表降序。

如:

```
SELECT sno,name,sex,classid FROM student WHERE prof = '电子商务'
```

将显示专业为"电子商务"的学生 sno、name、sex、classid 信息。

(5) SQL 的数据控制语句。SQL 的数据控制功能是指控制用户对数据的存取权力。

① 授权语句,SQL 使用 GRANT。如语句:

```
GRANT ALL ON student TO suser
```

表示把对表 student 的所有操作权限授权给用户 suser。

② 收回权限,SQL 使用 REVOKE。如语句:

```
REVOKE INSERT,UPDATE,DETETE ON student FROM suser
```

表示把用户 suser 对表 student 的插入、更新和删除权收回。

本章小结

本章主要介绍了网站建设所涉及的操作系统、Web 服务器和数据库相关的知识,主要通过实训操作介绍了 VMware Workstation 的基本操作、Windows Server 2012 R2 的安装和配置、IIS 的安装和配置、Apache 的安装和配置,以及 SQL Server 2012 的安装、SQL 语句的使用。

本章习题

1. 练习安装 Windows Server 2012 操作系统。
2. 安装和配置 IIS。
3. 安装和配置 Apache 服务器。
4. 安装 SQL Server 2012。
5. 阐述使用 CREATE DATABASE、INSERT、DELETE、UPDATE 和 SELECT 语句操作数据库的方法。
6. 针对第 3 章第 7 题学院网站的规划,选择并搭配该网站的运行环境。

第5章

版面布局

➢ 理解网站风格的定位与设计原则。

➢ 掌握网站版面布局的类型和设计步骤。

➢ 理解网页配色方案及色彩搭配规则。

5.1 网站风格

网站的风格定位是网站设计的第一步，是网站走向成功的起点。网站设计者应对网站的风格设计给予足够的重视。影响网站风格定位的主要因素有公司企业文化、行业特征、产品定位和客户定位等。

网站风格主要包括以下方面。

- 站点的 CI（Corporate Identity，企业标志），如设计网站的 Logo、网站的标准色彩及网页的字体等。
- 版面布局，如网站的结构、网站中各部分摆放的位置等。
- 浏览方式，如网站导航、搜索框等方式。
- 交互性，如网站的交互方式、交互次数统计等。
- 网页表现形式，如网页的媒体形式的选择等。

5.1.1 网站的风格定位

网站的风格定位是企业对外形象的一种展示，是企业文化的体现。它是用户对企业形象最直观的感知，对企业网络品牌影响很大。

网站风格由网站整体形象、主色调、网站内容、网站色块线条细节形成。

网站主色调是浏览者的眼睛一瞬间捕捉到的色彩，给浏览者较强的心理暗示。网站内容应主次分明，让浏览者第一眼就看到网站的核心内容，知道网站的主题。网站细节决定网站是否干净清爽,是否有视觉干扰,是否能让用户愉悦地浏览。应注重网站美工,这是帮助企业打造网络品牌第一要求的技术指标。

网站风格主要根据网站内容和网站目标客户群体来决定。不同的目标客户对于同一个网站的感受是不同的。

5.1.2 网站风格的设计原则

网站的最终目的是吸引用户,用户才是网络产品、资源和页面访问的最重要的使用者。由于计算机和网络的普及性,网站用户遍及各个领域,而各个领域对网站也有着不同的风格需求。因此,有必要了解各类用户的习惯、技能、知识和经验,以便预测各类不同用户对网站内容和界面的不同需求和体验感受,为网站最终的开发设计提供依据和参考。

1. 了解用户的使用习惯

比如,传统行业的人喜欢线条明晰的暖色系,IT行业的人喜欢浅色柔和的淡色系。

2. 网站所有者要传达的信息

有些公司希望通过网站的风格来加深用户对公司的印象,这样的网站其风格就要考虑网站所有者(即公司)要传达的信息内容。

3. 行业的要求

网站风格的选择还要考虑行业的风格特点,如休闲类、经济类、娱乐类、医药类、汽车类、教育类的网站有各自的风格特点。如果自己的网站属于某一行业的网站,则要考虑该行业的网站特点。

5.2 网站版面设计

版面布局就像报纸杂志的排版布局。网页设计要在版面布局确定后才能进行。

5.2.1 网站版面设计原则

在进行网站的版面布局时,应遵循中心突出、主次分明、大小搭配、相互呼应、图文并茂、相得益彰等原则。实施这些原则在版面布局设计时就要考虑以下几点。

(1)正常平衡。正常平衡也称匀称,多指左右、上下对照形式,通过强调秩序给人以稳重、诚实、可信赖的效果。

(2)异常平衡。异常平衡即非对称形式,但也要讲求平衡和韵律,要在不均衡的布局中体现出宏观的韵律节奏。这种布局效果具有高注目性。

(3)对比。对比不仅利用色彩、色调技术来表现,在布局方面也可采用疏密、曲直、正斜的对比体现灵活的现代效果。

(4)凝视。凝视是利用页面中人物的视线,使浏览者仿照跟随,以达到注视页面的效果。一般多用明星凝视状,凝视的焦点通常是页面中最希望宣传的重点。

(5)空白。空白有两种作用,一方面相对其他网站表示突出卓越,另一方面也表示网页作品的优越感。在内容过于丰富的页面中,安排适当的空白可以降低浏览者的阅读疲劳。

5.2.2 网站的版面大小

在设计网页的版面时,首先要明确网页的大小。版面指的是浏览器看到的完整的一个页面(包含框架和层)。但由于页面的大小与显示器的分辨率有关,所以在布局时版面要按照分辨率的大小去设置。但由于显示器的大小不一,最佳分辨率也不同。

一般情况下,版面布局多是按照 800×600 或 1024×768 来设计,这里主要是设计版面宽度,即网站横向的宽度应在 800 像素或 1024 像素以内,对垂直方向(即纵向的长度)不作限制,可通过滚动条的滚动来查看更多内容,但一般正规的网站滚动也不超过3 屏。由于有滚动条(一般占 20 像素),页面的实际宽度则应设为 780 像素或 1004 像素以内。

对于版面宽度超出指定的像素时,可以采用自适应宽度技术,让页面内容自动伸缩,充满整个版面,这样的技术要求版面设计要具有适应性。

网站版面可以采用不同的网页背景来适应不同的屏幕分辨率,从而达到良好的视觉效果。

5.2.3 网页版面布局设计步骤

1. 构思作草图

这个步骤属于创造阶段,尽可能地发挥想象力,不讲究细腻工整,不必考虑细节功能,只以简练的线条勾画出创意的轮廓即可。根据网站内容的整体风格,应尽可能多画几张,最后选定一个满意的创作,完成版面布局设计。

2. 效果图

在草图的基础上,根据策划要求将必要的功能模块安排到页面上。这个阶段应该用Photoshop 等设计软件进行绘制。

功能模块包括网站标志、广告条、导航菜单、计数器、搜索框、友情链接、版权信息、文章列表(或产品列表)等。

效果图要依据网站主题、美学设计原理和浏览者的阅读心理安排各模块的主从位置。

3. 定稿

这一阶段是将各主要元素确定好之后,考虑文字、图像、表格等页面元素的排版布局。一般是用网页编辑工具根据效果图制作成一个简略的网页,然后进行精加工,仔细调整页面元素,各元素所占的比例要有详细的数字,以便修改。

5.2.4 常见的布局类型

网页上的布局各不相同,却各有特色。常见的布局类型有以下几种。

1. "国"字型

"国"字型也可以称为"同"字型,是一些大型网站所喜欢的类型,如图 5-1 所示,这种结构最上面是网站的标题以及横幅广告条,下面是网站的主要内容,左右分列菜单等内容,中间是主要部分,与左右一起罗列到底,最下面是网站的一些基本信息、联系方式、版权声明等。这种结构能够充分利用版面,信息量大,是网页浏览者在网上见到的最多的一种结构类型。

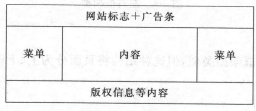

图 5-1 "国"字型

2. 拐角型

拐角型结构与"国"字型结构本质上是接近的,只是形式上有所区别。上面是标题及广告横幅,左侧是一窄列链接等,右列是很宽的正文,下面是网站的辅助信息,如图 5-2 所示。在拐角型结构中,一种很常见的类型是最上面为标题及广告,左侧为导航链接。这种结构简单明了,容易把握。

图 5-2 拐角型

3. 标题正文型

标题正文型结构简洁,最上面是标题或广告条,下面是正文,最下面是版权等信息,如图 5-3 所示,网站中的文章页面或注册页面多采用这种布局。

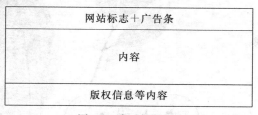

图 5-3 标题正文型

4. 左右框架型

左右框架型是一种左右的框架结构,显得清晰,一目了然。如图 5-4 所示,左侧是导航链接,右侧是正文。浏览者见到的大部分的大型论坛都是这种结构,有一些企业网站也喜欢采用这种类型。

导航	内容

图 5-4　左右框架型

5. 上下框架型

上下框架型与左右框架型类似,但这种结构将页面分为上、下两部分,如图 5-5 所示。

导航链接
内容

图 5-5　上下框架型

6. 封面型

封面型一般出现在网站的首页,一般表现为"精美的平面设计＋小动画＋链接"的形式,也可以直接在首页的图片上做链接而没有任何提示。其特点就是生动活泼、简单明了,如图 5-6 所示。

图 5-6　封面型

7. Flash 型

Flash 型结构与封面型是类似的,但与封面型不同的是,采用了 Flash 动画,这样由于 Flash 具有的动感十足的表现,使得页面所表达的信息就更为丰富,其视觉及听觉效果更为突出。

在网站的实际设计中具体采用哪种结构要具体情况具体分析。如果网站的内容非常多,就要考虑用"国"字型或拐角型;而如果内容不多而说明性的东西比较多,则可以考虑用标题正文型;框架结构的一个共同特点就是浏览方便、速度快,但结构变化不灵活;而如果一个企业网站想展示企业形象,封面型是首选;Flash 型更丰富灵活一些,但是它不能表达过多的文字信息。

5.2.5 版面布局的技术

1. 表格布局

利用表格(Table)进行版面布局已经成为一个标准,随便浏览一个站点,一般都是用表格布局的。表格布局的优势在于它能对不同对象加以处理,而又不用担心不同对象之间的影响。而且表格在定位图片和文本上比用样式表更加方便。

表格布局唯一的缺点是,当使用了过多表格时,页面下载速度会受到影响。如果想学习表格布局,设计者可以随便找一个站点的首页,然后保存为 HTML 文件,利用所见即所得的网页编辑工具打开它,就会看到这个页面是如何利用表格进行布局的。

2. 框架布局

框架网页使用<FrameSet>,从布局上考虑,框架结构不失为一个好的布局方法。它和表格布局一样,把不同对象放置到不同页面加以处理,因为框架可以取消边框,所以一般来说不影响整体美观。

但是由于使用框架,导致一个页面承载多个页面的 HTTP 请求,因此会导致响应延迟,而且也无法对响应进行控制。目前 FrameSet 被认为是一种过时的技术。

3. DIV+CSS

DIV+CSS 是一种网页的布局方法。与传统通过表格布局定位的方式不同,它可以实现网页页面内容与表现相分离。CSS(Cascading Style Sheets,层叠样式表)用于定义 HTML 元素的显示形式,是 W3C 推出的格式化网页内容的标准技术,是网页设计者必须掌握的技术之一。DIV 是层叠样式表中的定位技术,全称为 DIVision,即为划分,也可以称其为图层。DIV 元素是用来为 HTML 文档内大块(block-level)的内容提供结构和背景的元素。

通过 DIV+CSS 可以对网页进行统一设计和管理,通过一个样式表,就可以统一全站的风格。DIV+CSS 结构清晰,很容易被搜索引擎搜索到,较为适合优化 SEO,降低网页大小,让网页体积变得更小。但 DIV+CSS 在部分浏览器中会发生页面错位的情况,因此在进行设计时也要考虑不同浏览器的情况,不断进行更改和调试。

目前,DIV+CSS 是网页布局的流行技术。

 **实训 5-1**

确定网站版面布局

【实训目的】

(1) 了解网站版面布局的概念。

(2) 掌握版面布局的类型。

【知识点】

版面布局的类型。

【实训准备】

已经完成的"亲子有声阅读交流网"的栏目和内容规划。

【实训步骤】

(1) 对"亲子有声阅读交流网"的栏目和内容进行分析。

(2) 设计该网站的版面布局。

根据网站的实际情况,设计类似于"国"字型的版面布局,但略有些不同。由于该网站有三大主要栏目:论坛、二手书交流、资源试听,因此使用"国"字型版面结构,主体分为3栏,在首页中左栏显示论坛中点击量最高的主贴信息,中间一栏显示最新上传的资源名录,右栏显示最新上传的二手书信息。

版面大小将按照 800×600 的分辨率设置,其版面布局结构如图 5-7 所示。

网站标志		登录操作
导航菜单		
主栏1	主栏2	主栏3
版权信息等内容		

图 5-7　"亲子有声阅读交流网"版面布局设计

5.3　页面组成元素

在一个网页的页面中,会有很多元素出现。下面将介绍页面的组成元素。

1. 页头和页脚

页头又可称为页眉,页眉的作用是定义页面的主题,如一个站点的名称多数都显示在页眉里。这样,访问者能很快知道这个站点的内容。页头是整个页面设计的关键,它将牵涉页面其他部位的设计和整个页面的协调性。页头常放置站点名字的图片和公司标志以及旗帜广告等内容。图 5-8 显示的是搜狐网站的页头。

图 5-8　搜狐网站的页头

页脚和页头相呼应,是放置制作者或者公司信息的地方。图 5-9 显示的是搜狐网站的页脚。

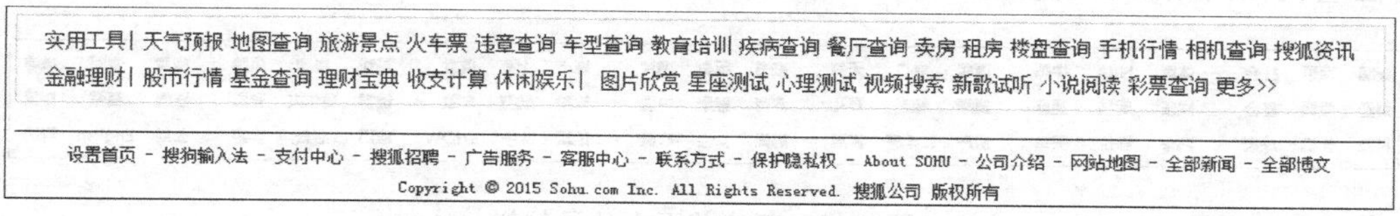

图 5-9　搜狐网站的页脚

2. Logo

网站 Logo 也叫网站标志,它是一个站点的象征,一般放在网站首页的左上角或显眼位置,访问者能明显地看到它。如图 5-10 所示的是网易、百度和搜狐网站的 Logo 图。

图 5-10　网易、百度、搜狐的 Logo

3. Banner

Banner 一般翻译为网幅广告、旗贴广告、横幅广告等。Banner 通常为一幅表现商家广告内容的图片,放置在广告商的页面上,是互联网广告中最基本的广告形式。横幅广告的标准尺寸是 468 像素×60 像素,弹出窗口广告一般为 360 像素×300 像素。

Banner 的设计原则包括具有鲜明的色彩、语言具有号召力、文字的字体清晰和图形位置合适 4 个方面。

图 5-11 是中关村在线网站上的 Banner 广告。

图 5-11　中关村在线网站上的 Banner 广告

4. 超链接

在网页上单击一段文字或一幅图片，就会打开一个新的页面，这就是超链接技术。超链接的目标页面打开位置可以设置为"在新窗口中打开（_blank）""在父窗口中打开（_parent）""相同的目标框架（_self）""框架的上部窗口（_top）"4 种方式。

5. 导航栏

导航栏是一组超链接，用于向用户指示本站点的主页及其他重要的页面，一般将导航栏放入每个栏目的首页中，这样浏览者可以迅速地切换到网站的其他页面。一般来说，导航栏应放在网站醒目的位置。图 5-12 显示的是新浪网的导航栏。

新闻	军事	社会	体育	NBA	中超	博客	专栏	天气	读书	历史	图片	城市	上海	美食	游戏	棋牌	页游	搜索	爱问	微博
财经	股票	基金	娱乐	明星	星座	视频	综艺	育儿	教育	健康	中医	旅游	航空	车致	佛学	高尔夫	彩票	法院	客服	邮箱
科技	手机	探索	汽车	报价	买车	房产	二手房	家居	时尚	女性	收藏	论坛	高考	SHOW	应用	必备	手游	公益	English	导航

图 5-12　新浪首页上的导航栏

6. 文本和图片

文本在页面中都以行或者块（段落）为单位出现，它们的摆放位置决定整个页面布局的可视性。随着 DHTML 的兴起，文本已经可以按照设计人员的要求放置到页面的任意位置。一般在网页中，中文的文本采用宋体字，大小设置为 9 磅或 12 像素。

图片能快速引起浏览者注意、提供信息、展示作品、装饰页面以及表达个人情调和内容。网络上使用的图片格式主要有 GIF、JPG、PNG 等。

图片和文本是网页的两大构成元素，缺一不可。如何处理好图片和文本的位置成为整个页面布局的关键，而设计人员的布局思维也将体现在这里。

7. 多媒体

除了文本和图片，还有声音、动画、视频等其他的称为多媒体的元素。这些元素不宜在网页中过多地运用，但随着动态网页的兴起，在网页布局上也将变得更为重要。

声音是多媒体网页的一个重要组成部分，一般在网页中用得最多的是 MP3、MIDI 和 WAV 等格式的音频文件。一般在网页设计时，不要把声音文件作为背景音乐，这样会影响网页的下载速度。不同的声音文件在不同的浏览器中处理方式也是不一样的。像 RM 音频，多数情况下是需要插件才能正常播放。

视频文件让网页变得更有动感。但视频文件过大,会影响网页的浏览速度。有些视频是需要专门的插件进行播放的。在网页中常用的视频格式有 MPG、FLV、RMVB 等格式。

动画与视频有些类似,但动画一般指的是用网页动画软件(如 Flash、ImageReady、Gif Animation 等)制作的视频。使用较多的有 SWF 和 GIF 格式。动画可以动态地展示作品,并与用户进行交互。

8. 表单

表单是用于在网页中填写申请或提交信息的交互页面,如电子邮箱注册、论坛发言等都要利用表单来实现。图 5-13 显示的是新浪邮箱登录的表单。

在表单中一般会通过文本框、单选按钮、复选框等表单控件收集用户输入的信息内容,用命令按钮等表单控件提交或执行提交的命令。

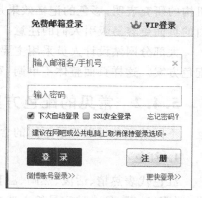

图 5-13　新浪邮箱登录表单

9. 表格

表格是网页排版的灵魂。使用表格排版是网页的一种最主要的制作形式。通过表格,可以控制各网页元素在网页中的位置。网页中一般不给表格加边框线。

5.4　网页色彩搭配

一个网站被打开时,给用户留下的第一印象就是网站的色彩。色彩对人的视觉有非常明显的效果。一个网站设计得成功与否,在某种程度上取决于设计者对色彩的运用和搭配。在网页设计的平面图上,色彩的冲击力是最强的,它很容易给用户留下深刻的印象。因此,在设计网页时应高度重视色彩的搭配。

5.4.1　色彩

颜色是由于光的折射而产生的。色彩中不能再分解的基本色称为原色,原色可以合成其他的颜色,而其他颜色却不能还原出本来的色彩。红、黄、蓝就是三原色,其他的色彩都可以用这 3 种色彩调和而成。

计算机中的 RGB 颜色表示法是利用三原色进行调色的一种方案,即红、绿、蓝 3 种颜色分别用 0~255 的整数表示,3 种不同颜色的组合构成了其他的颜色,如(255,0,0)表示红色、(0,0,255)表示蓝色、(255,255,255)表示白色、(0,0,0)表示黑色。也可以用十六进制表示颜色,如＃FF0000 表示红色、＃FFFFFF 表示白色。在网页中,背景颜色用 bgcolor＝＃FFFFFF 表示网页背景用白色显示。

任何色彩都有饱和度和透明度的属性,属性的变化产生不同的色彩,所以至少可以制作几百万种不同的色彩。

颜色分非彩色和彩色两类。非彩色是指黑、白、灰系统色。彩色是指除了非彩色以外的所有色彩。黑、白是最基本和最简单的搭配,白字黑底、黑底白字都非常清晰明了。灰色是万能色,可以和任何彩色搭配,也可以帮助两种对立的色彩和谐过渡。如果找不出合适的色彩,采用灰色同样会取得不错的效果。

网页制作用彩色还是非彩色,要根据网页主题的不同而进行不同的选择。根据专业机构的研究表明,彩色的记忆效果是黑白的 3.5 倍。即在一般情况下,彩色页面比完全黑白的页面更容易吸引人们的注意。

大部分网站设计人员采用主要内容文字用非彩色(黑色),边框、背景、图片用彩色的配色方案。这样页面整体不单调,看主要内容也不会眼花。

5.4.2　常见的配色方案

不同的颜色可以表示不同的含义。

1. 红色

红色代表热情、活泼、热闹、温暖、幸福。红色容易引起人的注意,也容易让人兴奋、激动、紧张、冲动,是一种容易给人造成视觉疲劳的颜色。

2. 黄色

黄色代表明朗、愉快、高贵、希望。

3. 蓝色

蓝色代表深远、永恒、沉静、理智、诚实、公正、权威。蓝色是一种在淡化后仍然能保持较强个性的颜色。如果在蓝色中分别加入少量的红、黄、黑、橙、白等色,都不会对蓝色构成较为明显的影响。

4. 白色

白色代表光明、纯真、纯洁、朴素、明快、快乐。白色具有圣洁的不容侵犯性。如果在白色中加入其他颜色,都会影响其纯洁性,使之变得含蓄。

5. 紫色

紫色代表优雅、高贵、魅力、自傲、神秘。在紫色中加入白色,可使网页变得优雅、娇气,并充满女性的魅力。

6. 绿色

绿色代表新鲜、希望、和平、柔和、安逸、青春。

7. 粉色

粉色代表明快、清新、成长、幼小。在表现未成年女性或儿童时,粉色是一个需要考虑使用的颜色。

8. 灰色

在商业设计中,灰色属于中间色,具有柔和、高雅的意象,男女都能接受。在高科技的产品中,通常采用灰色。使用灰色时,要利用不同的层次变化组合或用它配合其他色彩,才不会使页面给人过于平淡、沉闷、呆板和僵硬的感觉。

9. 黑色

黑色是具有丰富内涵的颜色,具有很强大的感染力。黑色能表现出特有的高贵,显得庄严、严肃、坚毅。黑色也有恐怖、烦恼、忧伤、消极、沉睡和悲痛的含义。

黑色与白色表现出了两个极端的亮度,这两种颜色的搭配,可以表现出都市现代化的感觉。

5.4.3 冷暖色彩设计

色彩本身并无冷暖之分,但是当人看到不同的色彩时,会产生不同的心理联想,从而引起心理情感的变化。

那么,什么是冷暖色调呢?

暖色,用户见到橙色、黄色、红紫色和红色等颜色后,会马上联想到火焰、太阳、热血等物象,感觉到温暖、热烈。这些颜色就称为暖色。采用暖色设计的网站具有向外辐射和扩张的视觉效果,鲜艳夺目,散发着照耀四方的活力与生机。

例如,关于女性的网站宜采用红色作为主色调;关于儿童的网站,则适合采用粉色、橙色等暖色调,给人以可爱、温馨的感觉。

冷色,用户见到草绿、蓝绿、天蓝和深蓝等颜色后,很容易联想到草地、天空、冰雪和海洋等物象,产生广阔、寒冷、理智、平静等感觉。这些颜色就称为冷色。采用冷色设计的网站会减轻视觉疲劳,安定情绪,降低体温。因此,医院的网站一般采用以平安镇静为主的蓝色调;科技类的网站采用蓝色或绿色等为主的冷色调。

【小贴士】

下面是几类网站常用的色调。

儿童网站多采用红色、橙色、黄色、红紫色、橘红色等暖色调。

女性网站多采用红色等暖色调。

休闲娱乐网站多采用红色、紫色、橘红色等暖色调。

运动、健康和医院网站多采用蓝色、绿色等冷色调。

饮食网站多采用橙色、橘红色等暖色调。

日用品网站多采用淡冷色、淡暖色或中性色调。

5.4.4 网页的配色规则及技巧

网站的色彩搭配很重要,而色彩搭配要有一定的规则和技巧。掌握了这样的规则和技巧才能设计出一个优秀的网站。

1. 配色规则

网页的配色规则是根据网页具体位置的不同而设定的。

1)网页标题

网页标题是网站的指路灯,用户在网页间跳转时要了解网站的结构和内容,都要通过导航或者页面中的小标题来进行。因此,可以使用稍微具有跳跃性的色彩,吸引用户的视线,从而使网站清晰明了、层次分明。如果不同的标题使用相近度高的颜色,用户会感到混乱。

2) 网页链接

网页中一般都会包含链接,作为链接的文字,与普通的文字颜色应该有区别。在网页编辑的工具中,多将使用超链接的文字应用不同的颜色,点击前和点击后的超链接文字的颜色也会有所不同。

3) 网页文字

如果一个网站采用了某种背景色,那么这个网页中文字的颜色一定要与背景色相搭配。一般网站侧重的是文字,背景可选择纯色或明度较低的色彩,文字用较为突出的亮色,让人一目了然。

有时,在网站中为了吸引用户,突出了背景,文字就要显得暗一些,这样文字才能与背景分离开,从而便于用户阅读网页中的文字。

4) 网页标志

网页标志就是前面所说的 Logo 或 Banner。这部分内容除了要放在页面上显眼的地方外,还要用鲜亮的色彩实现突出显示的效果,并且作为标志,其颜色要与网页的主题色分离开,通常是采用与主题色相反的颜色来设计网页标志。

2. 不同类型的网站色彩设计规则

网站有很多类型,不同类型的网站,其色彩也会有不同的要求。

1) 门户类网站

门户类网站主要需求是方便浏览者在大量的信息中快速、有效地进行目标选择,因而网页色彩可倾向于清爽、简洁。一般是沿用公司主色系或 Logo 来做区分,便于用户对品牌的识别。

2) 社区类网站

社区类网站主要以分享、交流为主,其目的是使操作简单易用,具有长时间使用的舒适度,因此,其页面色彩也倾向于清爽、简洁。例如,人人网主要面向的是在校的学生,因此在网页的顶端上使用活泼的蓝色来渲染青春朝气的氛围。

3) 电子商务类网站

电子商务类网站的主要目的是方便、快捷地查看商品和进行交易,运用暖色调渲染气氛,可让用户感受到网站整体的活跃氛围和愉悦感。

4) 产品展示类网站

产品展示类网站的主要目的是展示产品的特性,增强浏览者的消费心理。页面色彩可根据具体产品定位做多样化的设计。

5) 公司展示类网站

公司展示类网站的目的是展示企业形象、提高品牌印象,可应用 Logo 的主色系设计,达到品牌形象的统一。

6) 个人类网站

个人类网站主要目的是满足用户个性展示和驾驭能力的需求,页面色彩设计应多样化、个性化。有很多网站采用的换肤技术,可以让用户自定义网站的色彩。

 **实训 5-2**

设计网站风格与色彩搭配

【实训目的】

(1) 掌握网站色彩搭配的原则。

(2) 学习根据网站主题和内容设计网站色彩搭配的方法。

【知识点】

色彩搭配的知识。

【实训准备】

已经完成的"亲子有声阅读交流网"的网站规划。

【实训步骤】

(1) 对"亲子有声阅读交流网"的主题和内容进行分析。

该网站是一个关于儿童教育的网站,应能吸引家长们的注意,因此将网站的色彩设计为以蓝天白云为背景。

(2) 设计该网站的色彩搭配。

① 网站的页眉设计如图 5-14 所示。

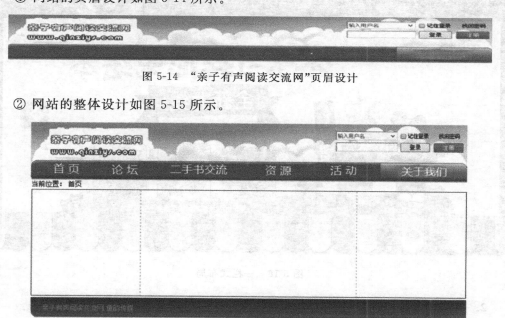

图 5-14 "亲子有声阅读交流网"页眉设计

② 网站的整体设计如图 5-15 所示。

图 5-15 "亲子有声阅读交流网"网站风格与色彩

5.5 主体版面设计

网页的主体版面是指去除页面头部和页脚部分、用来放置页面主要内容的页面区域。主体版面的风格是由页面的整体风格、页面的尺寸和页面的版面布局共同决定的。

页面的整体风格决定了主体版面的颜色搭配、字体使用和图片排列；页面的尺寸决定了主体版面的宽度；页面的版面布局决定了主体版面内容板块的排列，同时，在进行主体版面设计时必须遵循一定的规则。

5.5.1 主体版面设计色彩搭配

在主体版面中使用的颜色一般是页面的主颜色。在色彩搭配上，既要与页头部分的风格相融合，也要与页面表现的内容相关联。主体版面颜色数量应控制在 3 种颜色之内。在设计中，可以使用一种色彩为主的颜色搭配，也可以使用两种色彩搭配，或使用一个色系作为主颜色搭配，还可以使用黑色配一种色彩来实现。

5.5.2 主体版面布局

前面讲到了版面布局的常见方案。下面是常见的主体版面布局方式。

1. 一栏式布局

网页主体版面用一栏式布局的设计，如图 5-16 所示。

图 5-16　一栏式布局

2. 两栏式布局

网页主体版面采用两栏式布局，如图 5-17 所示。

3. 三栏式布局

网页主体版面采用三栏式布局，如图 5-18 所示。

4. 多栏式布局

网页主体版面采用多栏式布局，如图 5-19 所示。

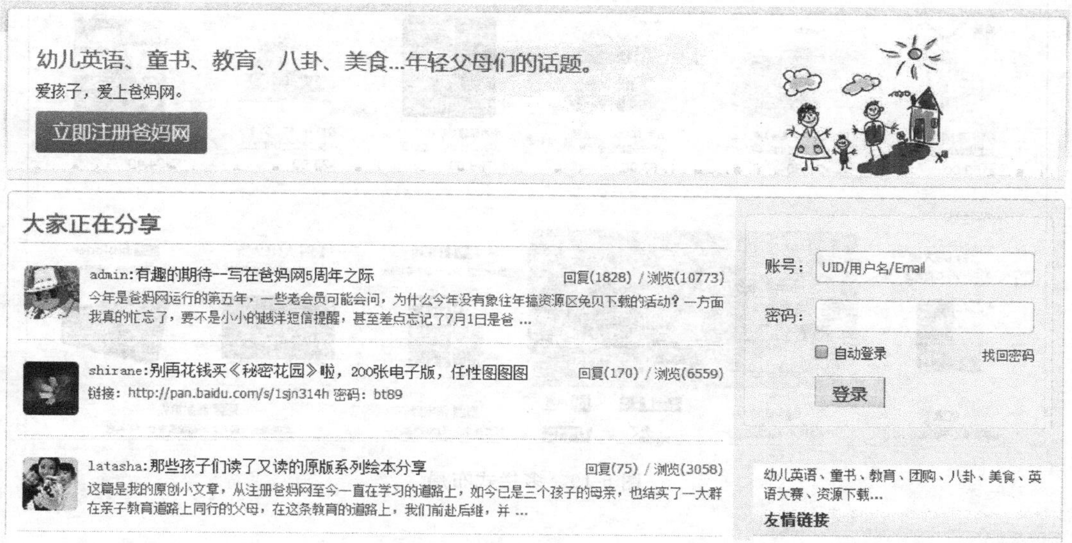

幼儿英语、童书、教育、八卦、美食…年轻父母们的话题。

爱孩子，爱上爸妈网。

立即注册爸妈网

大家正在分享

 admin:有趣的期待--写在爸妈网5周年之际　　　　回复(1828) / 浏览(10773)
今年是爸妈网运行的第五年，一些老会员可能会问，为什么今年没有象往年搞资源区免费下载的活动？一方面我真的忙忘了，要不是小小的越洋短信提醒，甚至差点忘记7月1日是爸 …

 shirane:别再花钱买《秘密花园》啦，200张电子版，任性图图图　　回复(170) / 浏览(6559)
链接: http://pan.baidu.com/s/1sjn314h 密码: bt89

latasha:那些孩子们读了又读的原版系列绘本分享　　　　回复(75) / 浏览(3058)
这篇是我的原创小文章，从注册爸妈网至今一直在学习的道路上，如今已是三个孩子的母亲，也结实了一大群在亲子教育道路上同行的父母，在这条教育的道路上，我们前赴后继，并 …

账号: | UID/用户名/Email |

密码: | |

□ 自动登录　　　　找回密码

登录

幼儿英语、童书、教育、团购、八卦、美食、英语大赛、资源下载…
友情链接

图 5-17　两栏式布局

好孩子 gb 好孩子社区

热搜: 若雪厨房　美女与野兽　幼升小　特�测评　亲子阅读路　海淘攻略　全部 ▾

您收到了 2 条新站内信 查看 ✕

论坛首页 / 育儿经 ▾ / 好妈咪 ▾ / 居委会 ▾ / 爱生活 ▾ / 买家说 NEW ▾ / 站务管理 ▾ / 我的论坛 ▾

为隔代教育支招
实现三代共赢

好问活动：为隔代教育支招！

● ○ ○ ○

活动公告 NOTICE

 晒晒咱娃"小毛头"时的样子
活动时间：07月08日-07月30日
宝贝一天天的长大，模样也随之一天天的变化。有的改变多一点，有的则改变…
我要参与

焦点话题

梦妈：上学纠结问题之我见
关于是否要早入学？孩子作业是否要监督？孩子的分数是否要重视？孩子老师是否要送礼？等等一系列的问题，好网梦妈提出了个… 查看详细

生宝宝，早生or晚生？
生个娃，生活质量大打折扣，自由也没了，早知道晚点再说说，常常听朋友这样抱怨。但是又有人说30岁以后生孩子就不好，3… 查看详细

来列列国内的优秀童书吧！
各大童书榜，占据前列的几乎都是国外童书。其实国内作家的书，汉语遣词用句的精妙毋庸置疑。可是本土作品在童书市场上的存… 查看详细

梦妈晒加拿大小小四的作业本
梦妈晒出在加拿大读小学四年级的女儿佳的作业本，引得好网妈妈们都来围观，国内国外的教育

wangdear88
状态：备孕中
等级：中级会员

· 我的主贴　　· 我的回复
· 签名设置　　· 金币兑换

大家都在

dichangchang 回帖
说到：2015.7.15. • • • • • •
2015-07-15 23:56

kevinbabyma 发布了主贴
说到：定期观察宝宝心跳、呼吸、脐部、皮肤等情况，给予…
2015-07-15 23:42

huangjinshat 发布了主贴
说到：宝妈蜜蜜？母乳，是宝宝最健康、最安全…
2015-07-15 18:25

图 5-18　三栏式布局

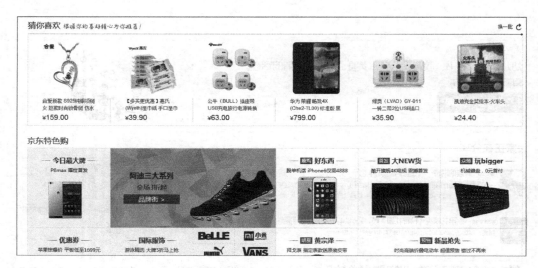

图 5-19　多栏式布局

5.6　首页设计

首页也称为主页,即一个网站默认状态下显示的网页,也就是在 IIS 或 Apache 中设置的默认文档。

在互联网上,首页比其他页面的访问量会更大。它能够表现出企业的概貌,能够显示出与竞争对手相比的优势。因此,在设计网站的首页时既要能够使用户了解到网站提供的各种功能,又不要让用户感到迷惑。要做到重点突出、层次分明、吸引用户,这些都是主页设计的关键。

网页的设计人员还需要和具体用户进行广泛的交流,学习相关领域的知识,了解客户的需求,并进行实际用户测试,把不断反馈的信息融入开发周期中。只有在不断的反馈和修改的过程中才能制作出令用户满意的网页。

不同类别的网站对首页显示的内容要求也不尽相同,在设计网站首页时可能会考虑以下内容。

1．日期时间

浏览者在某些时候可能需要在首页看到当前的日期和时期,这个时候应该显示日期和时间。如图 5-20 所示,新浪的天气首页显示了当前的城市名称、日期、星期和时间。这里的时间并不是系统时间,而是气象预报最新的更新时间。

2．首页内容

用户访问网站的最终目的是查看内容,要避免在首页上堆放大量与网站主题无关的内容,特别是对企业本身的溢美之词,但独立的权威机构发表的赞誉、认证和优秀站点的评价可以出现在首页上。

图 5-20 新浪天气首页

3. 突发事件处理

当网站出现意外情况时,一般应在网站的首页上进行说明。

(1)要做好首页备份的计划。一般准备与正在使用的首页相同的首页备份,当使用的首页出现故障或被非法篡改时,就能够利用备份的首页快速恢复网站的首页。

(2)因意外的断电或计划内的升级情况发生时,应在首页上明确说明。要写清修复故障的时间,在网站瘫痪期间给用户留下企业的联系电话。

4. 广告

如果在网站首页中使用了公司外的广告设计,必须保证该广告与网站内容和风格保持一致性。同时要注意,首页上的广告要放在页面的边缘,不要把广告放在最重要的条目旁边。为其他公司做的广告要慎重采用,要尽量小,并尽量和主页的核心内容相关。最好给广告加上标签,说明它们是广告而不是网站内容。如果将广告放在页面上方的标准广告区域,就不用加标签。

5. 欢迎词

一般不要在网站首页里最重要的区域向用户打招呼,而是当用户登录后在登录信息的身份提示处添加欢迎词。

6. 新闻和公告信息

在首页上发布新闻,需要用心雕琢标题和新闻概要,标题和内容要直接切入正题,而不应该让用户单击后才能看到真正的信息内容。具体来说,有以下几方面需要注意。

(1)标题应该简洁,用尽量少的文字表达尽量多的信息。

(2)精心编辑重点突出的新闻内容提要,用尽量具体的内容来吸引用户。

（3）新闻可以在标题后加上发布的日期，按从近到远的日期顺序依次显示新闻。

7. 网页标题

每一个首页都要有网页标题。标题显示在浏览器的标题栏内。虽然用户可能在上网时没有留意标题，但标题会在利用搜索引擎查找网站时起到关键作用。当用户把网站加入收藏夹时，首页标题就是默认的标签。因此，首页标题必须内容独特、简短，与网站主题有较强的关联。

8. Logo

Logo 是企业的标识，在前面的版面设计中已经讲到了，这里不再介绍。

9. 图片和动画

图片和动画可以更好地展现网站内容，提高首页的表现力。但它们同时也会增加页面的混乱程度和页面的下载时间。因此，首页上的图片要与网站内容相关，而不是用图片来装饰首页。如果首页中的图片在上下文中意义并不明确，应简短地解释它们。

图片不要过多，并应给每个图片加上 Alt 属性，这样当用户的浏览器不能正常显示图片时，用户也可以看到图片对应的提示。

10. 搜索

首页中的搜索用来让用户在网站内查询自己需要的信息内容。建议将搜索引擎放置在首页中醒目的位置，从而让用户可以直接看到并使用它。一般将搜索功能放置在页面的上方，特别是最左边或最右边的位置。

搜索引擎用文本框表示，根据用户的习惯，文本框的颜色最好是白色且宽度应足够宽，以便用户能看到和编辑标准的查询。文本框应至少能输入 18 个字符。首页上的搜索功能一般是简单的搜索，如果要使用高级搜索，应建立专门的搜索页，并在首页上提供进入搜索页的链接。首页的搜索功能应将查找范围默认为全网站。

11. 导航栏

首页的显著位置应放置导航栏。在导航栏应将链接条目分组，不要让多个导航栏指向同一类型链接。导航栏的语言表述应该简单明了，各类别名应能明显区分开。

12. 链接

对于网站首页的链接设置应满足以下几方面。

（1）尽量使链接更容易阅读。链接的文字应简短，不要过长，不要使用带有歧义的词语。

（2）注意链接名称。不要用普通的指令作为链接名称，如"点击"、Click 等，而要用有意义的名称，如"点击下载"。不要在普通列表后使用如"更多……"、More...等，而要告诉用户单击将得到什么东西，如"更多新闻""更多软件"等。

（3）如果链接的作用不是打开一个 Web 页面，而是链接到文件，可以采用图片来说明。

13. 公司信息

一般是在首页的页脚处添加一个"关于我们"的超链接，当用户单击这个链接时，网页自动显示公司的信息。一般还会在"关于我们"的后面添加一个"联系我们"的超链接,在单击"联系我们"后,系统自动启动 OE 等邮件客户端工具,给公司发电子邮件。

本章小结

本章主要介绍了网站版面布局和网页配色方案等内容。涉及的内容包括网站风格的定位和设计原则,版面布局的设计原则、常见的布局类型、版面布局的技术手段,页面的组成元素,网页配色方案及色彩搭配,网站主体版面设计和首页设计等。

要理解和掌握这一部分的知识不单纯是技术方面的问题,对色彩的感知和运用更多的是需要艺术欣赏能力和创作能力。

本章习题

1. 找出 3 个不同行业的中小企业网站,分析它们不同的网站风格定位及其特点。

2. 针对第 1 题的 3 个网站找出各自首页的页面大小和布局类型。

3. 针对第 1 题的 3 个网站分析各自的色彩搭配方案,体会色彩搭配与网站主题和网站内容之间的联系。

4. 针对第 4 章第 6 道练习题的学院网站,进行网站风格的策划,并设计其主体版面布局、首页以及配色方案。

第 6 章

建 站 工 具

> ➤ 了解网站设计文档的撰写。
> ➤ 掌握 Kooboo CMS 的安装和使用。

本章主要介绍网站设计的过程,即将规划的网站通过编码实现开发过程。这个过程有两个重要的步骤:一是先编写设计文档;二是具体编码实现。设计文档体现网站建设的决策和设计思路,包含了整体设计对模块设计的规范。没有设计文档作为标准,模块功能的实现就可能变得混乱。

本章将演示通过 Kooboo CMS 这款建站工具简单迅速开发网站的方法。Kooboo CMS 是一款基于 C♯ 语言的 ASP. NET 的快速网站开发工具,因此需要使用者具备 ASP. NET 和 C♯ 的使用经验。读者也可根据自己掌握的知识使用其他的建站工具进行开发。

6.1 撰写网站设计文档

网站进行开发之前,应该先进行网站的设计规划,而设计规划的体现就是设计文档的撰写。

1. 设计文档的功能

设计文档一般有以下两个功能。

(1) 设计文档体现网站建设的设计决策,指导网站开发工作。

(2) 作为档案供以后进行网站修改或升级时参考使用。

由于这个原因,在一个网站的建设过程中,正确的流程都是先编写设计文档,然后再进行网站的编码和实现的开发过程;否则,如果没有设计文档就直接进行开发,会出现很多难以预料的结果。

2. 设计文档的内容

设计文档一般包括以下部分。

1）系统概述

系统概述一般包括网站项目的简要介绍、所用的开发工具及网站运行的环境。

2）需求分析

需求分析是在可行性分析的基础上，进一步了解、确定用户需求，准确地回答"系统必须做什么"的问题。它涉及软件系统的目标、软件系统提供的服务、软件系统的约束和软件系统运行的环境，还涉及这些因素和系统的精确规格说明以及系统进化之间的关系。

3）总体设计

总体设计也称为概要设计，它是在需求分析的基础上通过抽象和分解将系统分解成模块，确定系统功能。总体设计要规划出软件的结构，如模块与模块之间的关系、模块内部的接口与接口之间的关系等内容。总体设计中包含数据结构和数据库的设计，数据库设计包括数据结构设计、概念设计、逻辑设计和物理设计。

4）详细设计

详细设计就是规划出软件里的流程，它是对贯穿全局算法思路的描述。在详细设计中可以用类图进行结构的描述，而贯穿全局的算法可以使用序列图或活动图，辅之以简洁的文字描述即可。根据项目和团队的不同，详细设计文档的内容也有所不同。网站中通常是按网站模块功能（或栏目）分别给出详细设计。

设计文档的内容，特别是其中的详细设计文档，粒度不宜过细，不能代替开发人员的设计和思考，但要把有关设计的决策考虑进去，包括与其他模块、整体设计的关系、操作的处理流程、对业务规则的设计考虑等，凡是页面原型、需求规格说明书所不能反映的设计决策，而开发人员又需要了解的，都要写入文档。

文档所面向的读者主要为模块开发人员、后期维护人员，模块开发人员通过详细设计文档和页面原型来了解所开发的功能，后期维护人员将通过模块代码、详细设计文档来了解网站的某个功能。

由于设计文档主要考虑的是设计上的决策，所以写文档的人应该是负责人、参加设计的技术经理、资深程序员等，根据团队情况和项目规模、复杂度的不同，也有所不同。在设计文档的撰写过程中，还需要保证文档的可读性、准确性、一致性。要建立严格的文档模板及标准，保证文档的可读性及准确性，同时建立审核及设计评审制度来保障设计及文档的质量。

6.2　Kooboo CMS 的安装

建站工具有很多种，这里选取 Kooboo CMS 这款软件进行网站的设计。本教材的第1章已经介绍了这款软件的特点，这里不再多叙。下面将首先介绍 Kooboo CMS 的安装方法。

多数情况下，建站工具本身就是一个设计好的网站，安装就是将这个设计好的网站在本地进行部署,然后进行相应的配置。Kooboo CMS 也属于此类建站工具。

Kooboo CMS 有两种安装方式:一种是通过站点架设的方式;另一种是通过 Web Matrix 3 进行安装。下面分别介绍这两种安装方式。

 **实训 6-1**

架设站点方式安装 Kooboo CMS

【实训目的】

在 IIS 中安装 Kooboo CMS 的方法。

【知识点】

Kooboo CMS 本身就是一个网站,采用架设站点的方式安装 Kooboo CMS 本质上就是将网站布置到服务器上。

【实训准备】

(1) 操作系统:Microsoft 的 Windows 操作系统。

(2) Web 服务器:安装 IIS 6 以上的版本。

(3) NetFramework:安装有 NetFramework 4。

(4) 安装者身份:具有管理员权限的用户。

【实训步骤】

本例以在 IIS 8 安装为例进行说明,使用 IIS 其他版本的读者可参考官方网站的相应说明。

(1) 从 http://kooboo.codeplex.com 下载最新版本的 Kooboo_CMS 安装包解压到 C:\Kooboo_CMS。

(2) 打开 IIS 7 控制台,创建一个应用程序池。.NET 框架版本选择.NET Framework v4.0.30319,通道模式选择"集成"模式,命名为 Kooboo_CMS pool,如图 6-1 所示。

(3) 在 IIS 7 控制台,创建一个新站点。站点目录指向 C:\Kooboo_CMS,应用程序池使用刚刚创建的 Kooboo_CMS pool,如图 6-2 所示。

图 6-1 创建应用程序池

图 6-2 创建 Kooboo 网站

(4) 设置站点的目录权限。Kooboo CMS 要求当前的站点运行用户具有对 Cms_Data 目录的读、写权限。进入 C:\Kooboo_CMS 中,选择 Cms_Data 文件夹,打开此文件夹的属性窗口,在安全的属性窗口中,设置 Everyone 具有"完全控制"权限,如图 6-3 所示。

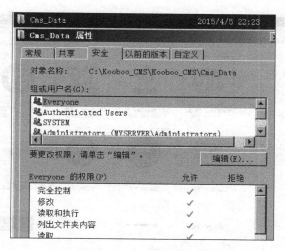

图 6-3 设置 Cms_Data 权限

（5）此时从 IIS 站点中运行此网站即可进入 Kooboo CMS 软件中。

实训 6-2

通过 Web Matrix 3 安装 Kooboo CMS

【实训目的】

利用 Web Matrix 3 安装 Kooboo CMS 的方法。

【知识点】

Web Matrix 3 是微软公司提供的一个轻量级的完全免费的网站开发、部署工具。它里面集成了许多知名的 CMS 建站软件。利用它可以方便地安装 Kooboo CMS 工具。

【实训准备】

（1）操作系统：Microsoft 的 Windows 操作系统。

（2）Web 服务器：安装 IIS 6 以上的版本。

（3）NetFramework：安装有 NetFramework 4。

（4）Web Matrix 3 安装包。

（5）安装者身份：具有管理员权限的用户。

【实训步骤】

（1）下载安装 Web Matrix 3。可从 http://www.microsoft.com/web/webmatrix/ 下载安装 Web Matrix 3。安装 Web Matrix 3 会同时安装 SQL Server Compact、IIS 8 Express 和.NET framework 4。如果这些之前都没有安装过，Web Matrix 3 会自动进行安装，但安装时间也会很长。

（2）启动安装好的 Web Matrix 3 软件，选择"新建"→"应用程序库"菜单命令，如图 6-4 所示。用户在这里可以看到，可选择多种 CMS 软件进行安装。

（3）通过搜索 Kooboo 可以找到要安装的 Kooboo CMS，如图 6-5 所示。

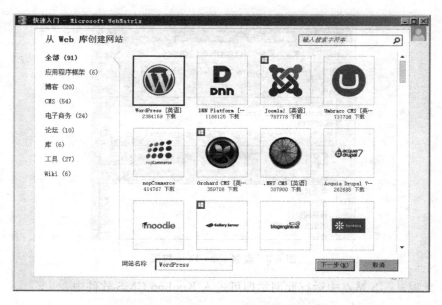

图 6-4   Web Matrix 3 新建应用程序库

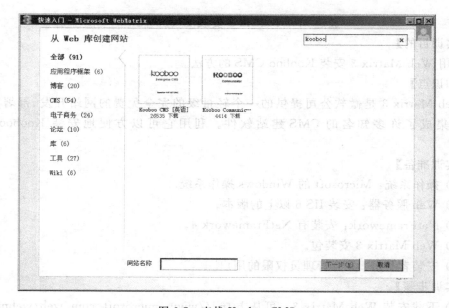

图 6-5   查找 Kooboo CMS

（4）选择 Kooboo CMS，按照向导单击"下一步"按钮进行安装即可，如图 6-6 所示。安装者同意 Kooboo CMS 的使用协议后安装才能顺利完成。

（5）安装过程会持续几分钟。安装过程中系统会自动安装 ASP. NET MVC 4.0 组件。

（6）安装成功后会在 Web Matrix 3 中显示一个名为 Kooboo CMS 的站点。可在 Visual Studio 中打开此网站进行编程，也可以利用 Kooboo CMS 自身建立网站。

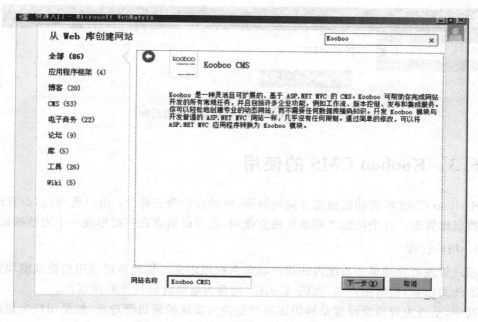

图 6-6 安装 Kooboo CMS

（7）如要利用 Kooboo CMS 自身创建网站，可在 Web Matrix 3 的 Kooboo CMS 网站上右击，在弹出的快捷菜单中选择"在浏览器中启动"命令，Kooboo CMS 会启动默认的 SampleSite 模板网站，如图 6-7 所示。

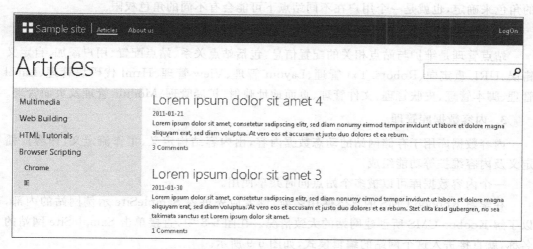

图 6-7 Kooboo CMS 启动界面

（8）如图 6-7 所示，单击右上方的 LogOn，输入默认的 username 和 password（都是 admin），Redirect to 项改为 Admin page，此时登录进入的是 Kooboo CMS 的网站集群管理后台，界面如图 6-8 所示。Kooboo CMS 中默认有一个名为 SampleSite 的网站，使用者可以通过"创建"按钮来创建新的网站或者使用"导入"按钮将之前创建的网站导入进来。

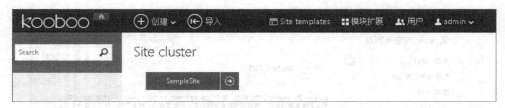

图 6-8　Kooboo CMS 网站集群管理后台

6.3　Kooboo CMS 的使用

Kooboo CMS 本着功能独立分离的原则，将站点分为三部分：用户管理、站点管理和内容数据库管理。各个功能之间既可独立使用，也可以组合在一起形成一个完整的系统。

1. 用户管理

用户管理可管理整个系统内的用户和角色权限定义。管理员通过用户管理模块管理用户的相关信息，包括用户名、密码、E-mail、是否为超级管理员及界面语言。

其中，是否为管理员设置是标识该用户是否为系统的超级管理员，如果用户为超级管理员，则不需受角色限制而拥有系统所有权限；界面语言设置可用于设置用户后面管理界面的显示语言。

角色管理用于定义角色所能操作的功能。

用户与角色的关系不在用户管理模块中设置。它们的关系通过站点添加用户时选择的角色来确定，也就是一个用户在不同站点下可能会有不同的角色权限。

2. 站点管理

站点管理是维护与站点相关的配置信息，包括站点关系、站点配置、用户添加、自定义错误、URL 重定向、Robots. Txt 管理、Layout 管理、View 管理、Html 代码块管理、Label 管理、脚本管理、皮肤管理、文件管理、页面地址映射、扩展管理、Module 管理及页面管理。

3. 内容数据库管理

内容数据库用于存储网站的动态数据内容，由内容结构定义、工作流定义、内容广播定义及内容维护等功能组成。

一个内容数据库可以被多个站点同时共享使用。

在学习 Kooboo CMS 的具体使用之前，读者应先进入 SampleSite 示例网站的内部，以了解 Kooboo CMS 所创建网站的大致情况。在图 6-8 中，直接单击 SampleSite 网站的名称，就直接进入这个网站的编辑模式，如图 6-9 所示。

如图 6-9 所示，最上方 Kooboo 文字右侧的 图标是进入 Kooboo CMS 的网站集群管理后台的按钮，在任何情况下，都可以通过单击这个图标回到如图 6-8 所示的网站集群管理后台。

图 6-9 下方被分为左、右两个板块。左侧是网站管理菜单，右侧显示的是当选中左侧某项菜单后该菜单所对应的设置项。图 6-9 右侧显示的是 SampleSite 示例网站的"开始"菜单项，这个菜单项将显示网站的页面层次结构，可以在这里编辑任意一个页面的内容。

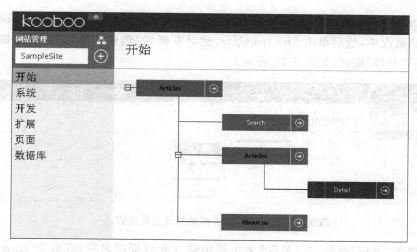

图 6-9　SampleSite 示例网站

图 6-10 列出了 Kooboo CMS 除"开始"之外的其他所有菜单项("系统""开发""扩展""页面"和"数据库")的具体详细项目。

初学者可先按下面的建站流程进行学习和实践,然后再结合需求进行深入研究和探索。

利用 Kooboo CMS 创建网站的流程,如图 6-11 所示。

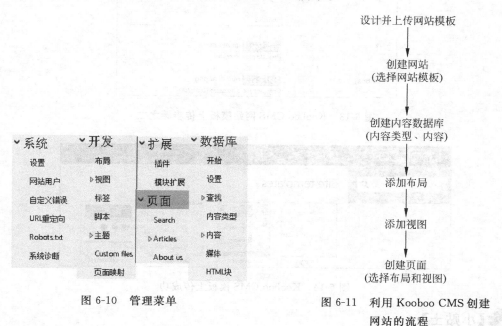

图 6-10　管理菜单

图 6-11　利用 Kooboo CMS 创建
网站的流程

6.3.1　设计并上传网站模板

网站模板(site template)用于定义 Kooboo CMS 所建网站的风格以及色彩搭配等内容。在 Kooboo CMS 中可使用现成的模板文件或者自制模板文件。此网站模板可按照

Kooboo CMS 的网站模板开发要求进行制作，然后压缩成 zip 文件，存放到 Kooboo CMS 能够访问的磁盘中，然后单击 Site template，此时左侧的"创建""导入"功能按钮不见了，而是变成了"上传"按钮，如图 6-12 所示。

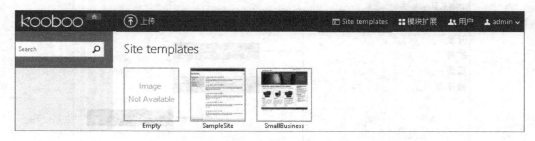

图 6-12　Kooboo CMS 网站模板上传步骤之一

此时单击"上传"按钮，在"名称"文本框中输入此模板的名称（此处为 qinziys），在文件项中通过单击"选择文件"按钮选择要使用的网站模板文件，在 Thumbnail 项中通过单击"选择文件"按钮选择该模板对应的缩略图文件，如图 6-13 所示，然后单击"保存"按钮，网站模板上传完成，如图 6-14 所示，新模板已经出现在模板列表中。

图 6-13　Kooboo CMS 网站模板上传步骤之二

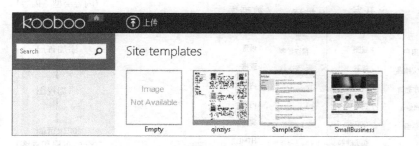

图 6-14　Kooboo CMS 模板上传成功

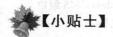【小贴士】

缩略图是网站模板的示意图，在上传模板时也可空缺缩略图。如果没有选择缩略图，该模板上传后的效果就类似图 6-14 中的 Empty 模板。

6.3.2 创建网站

在网站集群管理后台,单击"创建"按钮,选择 A new site,创建新网站,如图 6-15 所示,要对新创建的网站进行设置。

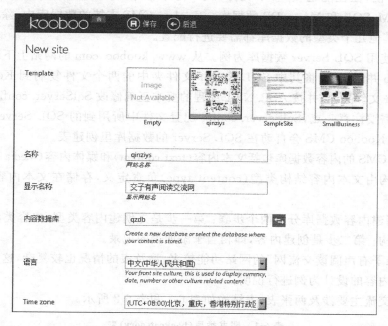

图 6-15 Kooboo CMS 新建网站的设置项

（1）Template：已有的网站模板,这里选择上一步所上传的 qinziys 模板。

（2）名称：新网站的存储名称（这里输入 qinziys）。

（3）显示名称：在网站集群管理后台显示的网站名称（这里输入"亲子有声阅读交流网"）。

（4）内容数据库：网站将要使用的数据库名称。这里可以选择其他网站所用的数据库,也可以新建数据库（这里新建数据库名称为 qzdb）。

（5）语言：Kooboo CMS 支持多语言（此处选择"中文（中华人民共和国）"）。

（6）Time zone：时区（此处选择北京时间）。

单击"保存"按钮,即创建名为 qinziys 的网站,创建的网站将出现在网站集群管理后台的网站列表中,如图 6-16 所示。

图 6-16 利用 Kooboo CMS 新创建的网站

6.3.3 创建内容数据库

Kooboo CMS 使用的网站数据库称为内容数据库,默认采用 XML 存储方式。这种方式简单、方便,但性能也较差,不支持 SQL 统计语句。Kooboo CMS 还支持 SQLCe、SQLServer、MySQL 和 MongoDB 数据库。Kooboo CMS 支持的数据库中,除了 XML 和 SQLCe 外,其他几个类型的数据库都需要进行配置。

这里以使用 SQL Server 数据库为例。从 www.kooboo.com 的网站上下载 content_providers.zip 并解压缩,将其中 SQL Server 文件夹中的两个文件复制到 Kooboo CMS 目录下的 bin 文件夹内,并按 ASP.NET 编程的要求正确修改 SqlServer.config 配置文件即可。这里需要注意一点,SqlServer.config 配置文件中所用到的 SQL Server 数据库要提前建立好,Kooboo CMS 会自动在 SQL Server 的数据库里创建表。

Kooboo CMS 的内容数据库包括文本内容(text content)和媒体内容(media content),文本内容的结构由文本内容结构类型(content type)负责定义,存储在文本内容目录(text folder)中。

因此,创建内容数据库分为两个步骤:第一步是先创建内容类型,内容类型类似于数据库的表结构;第二步是创建内容,即相当于添加表的记录。

由于"亲子有声阅读交流网"的网站功能较多,涉及表的情况也较复杂,这里仅以二手书交流板块内容的设计为例进行说明。

二手书交流主要涉及两张表,表结构如表 6-1 和表 6-2 所示。

表 6-1　图书类目(bookcategory)表

字段名称	控制类型	数据类型	描　述
Category	TextBox	String	图书类目名称

表 6-2　图书(books)表

字段名称	控制类型	数据类型	描　述
Title	TextBox	String	书名
Author	TextBox	String	作者
Pubhouse	TextBox	String	出版社名称
Pic1	File	String	图书照片
Pic2	File	String	图书照片
Pic3	File	String	图书照片
Pubdate	Date	Datetime	出版日期
Prttime	Date	Datetime	印刷时间
edition	Int32	Iint	版次
introduction	TextArea	String	内容简介
Owner	TextBox	String	会员名
Agingdegree	DropDownList	Decimal	新旧程度
Price	TextBox	Decimal	定价
S_price	TextBox	Decimal	售价
category	TextBox	String	所属类目

下面介绍如何在 Kooboo CMS 的内容数据库中创建上述表。

1. 创建 bookcategory 的内容类型 s_bookcategory

在 qinziys 网站管理界面中,单击"数据库"→"内容类型",选择"创建"命令,如图 6-17 所示,在"创建内容类别"文本框中输入 s_bookcategory,然后单击 Create field 按钮,添加字段。添加字段时需要设置以下几项内容。

(1) 名称:字段名。

(2) 标签:字段的显示名。

(3) 控制类型:决定在录入数据时选择何种录入方式以及如何对数据做校验。

(4) 数据类型:字段的数据类型,有 string、int、decimal、datetime 和 bool 5 种。

(5) 概述字段和内容列表:如果该字段的"概述字段"被勾选后,该字段会出现在内容项中;如果"内容列表"被勾选后,该字段会出现在内容详细页中。

图 6-17　创建内容类别

s_bookcategory 中的字段 category 添加方法如图 6-18 所示。设置完成后,单击"保存"按钮即可。

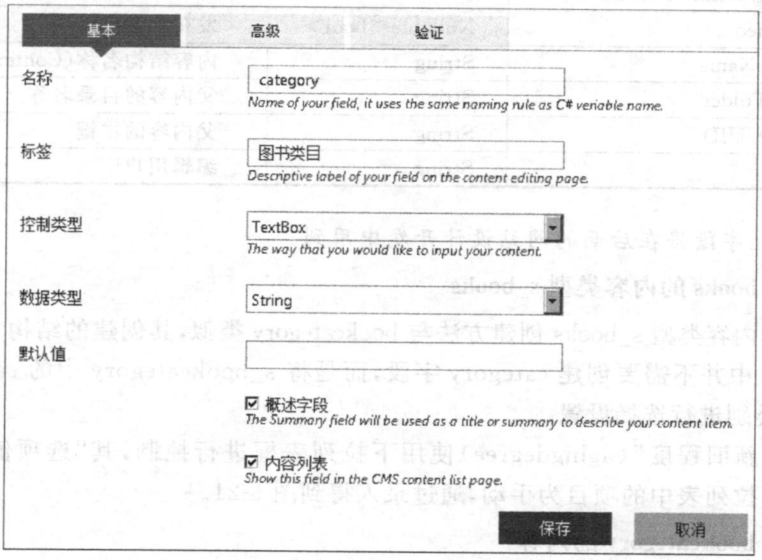

图 6-18　创建 category 字段

此时 bookcategory 表的内容结构(s_bookcategory)已经创建好,如图 6-19 所示。

图 6-19　bookcategory 的内容结构 s_bookcategory

【小贴士】

Kooboo CMS 系统的内容结构内置了一些默认的系统字段,但是在定义内容结构时,系统并不限制定义的字段名称,使用时可以直接用。假如用户定义的字段名与系统字段相同时,则会自动将该字段的值存储在系统字段中。这些内置字段如表 6-3 所示。

表 6-3　Kooboo CMS 常见的系统内置字段

字 段 名	类 型	描 述
Id	String	对关系型会存储自增长 ID
Repository	String	内容数据库名称
FolderName	String	目录名称
UUID	String	内容的主键
UserKey	String	内容友好主键
UtcCreationDate	DateTime	创建时间
UtcLastModificationDate	DateTime	最后修改时间
Published	Nullable<bool>	发布状态
SchemaName	String	内容结构名称(Content type)
ParentFolder	String	父内容的目录名称
ParentUUID	String	父内容的主键
UserId	String	编辑用户

这些内置字段将在后面的网站设计开发中用到。

2. 创建 books 的内容类型 s_books

books 的内容类型 s_books 创建方法与 bookcategory 类似,其创建的结构如图 6-20 所示。s_books 中并不需要创建 category 字段,而是将 s_bookcategory 中的 category 作为 books 表的类别进行选择设置。

其中的"新旧程度"(agingdegree)使用下拉列表框进行控制,其"选项值"的标签项中,选择其下拉列表中的项目为手动,通过录入得到图 6-21。

3. 创建 bookcategory 的内容

选择"数据库"→"内容"→New folder 菜单命令,弹出如图 6-22 所示界面。设置以下内容。

（1）名称：内容的名称。

（2）显示名称：在系统中该内容的显示文字，如果不设置将会以名称项中的内容显示在系统中。

（3）内容类型：选择内容类型。

名称	标签	Control type	概述字段	内容列表
title	书名	TextBox	YES	YES
author	作者	TextBox	YES	YES
pubhouse	出版社	TextBox	YES	YES
pic1	图书照片1	File	YES	-
pic2	图书照片2	File	YES	-
pic3	图书照片3	File	YES	-
pubdate	出版时间	Date	YES	YES
prttime	印刷时间	Date	YES	-
edition	版次	Int32	YES	-
introduction	内容简介	TextArea	YES	-
owner	所有者	TextBox	YES	YES
agingdegree	新旧程度	DropDownList	YES	YES
price	定价	Float	YES	YES
s_price	售价	Float	YES	YES

图 6-20　books 的内容结构 s_book

文本	值
6成以下	5
6-7成	6
7-7.5成	7
7.5-8成	7.5
8-8.5成	8
8.5-9成	8.5
9-9.5成	9
9.5-10成	10

图 6-21　agingdegree 的选项值

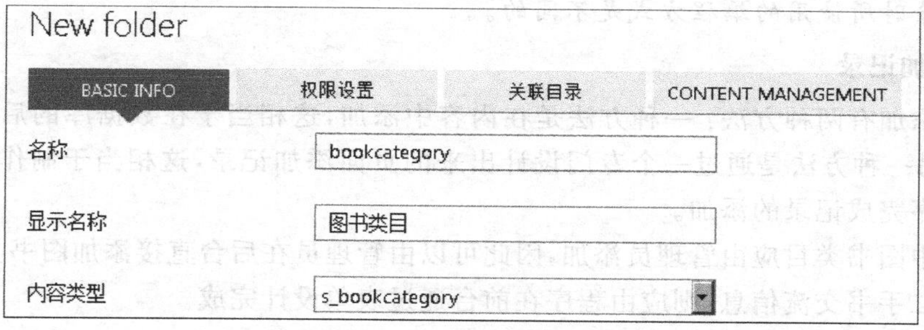

New folder

| BASIC INFO | 权限设置 | 关联目录 | CONTENT MANAGEMENT |

名称　　　　bookcategory

显示名称　　图书类目

内容类型　　s_bookcategory

图 6-22　创建 bookcategory 内容

4. 创建 books 的内容

创建 books 的内容如图 6-23 所示。

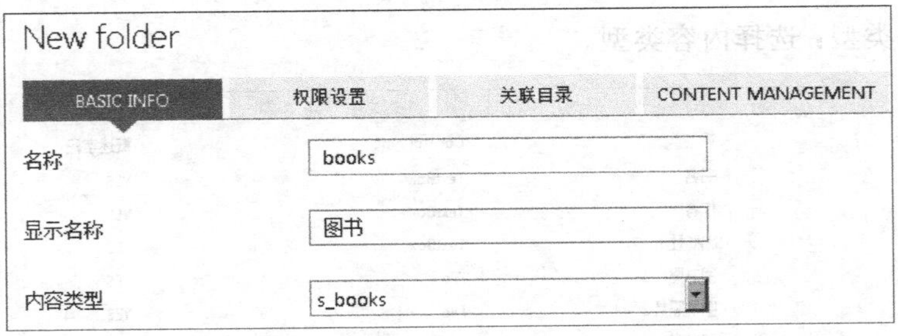

图 6-23　创建 books 内容

这里需要将 bookcategory 中的 category 字段设定为 books 的类别目录。单击 books 的"关联目录",如图 6-24 所示,在"类别目录"中选择"图书类目",选中"单选"复选框并保存。

图 6-24　选择 books 的关联目录

![小贴士]

【小贴士】

　　类别目录的操作是在两个不同的表间建立关联,内嵌目录的操作则是类似于创建主从表。类别目录和内嵌目录是建立两个或多个表之间关系的两种方式,它们在数据添加、查询和删除时所使用的编程方式是不同的。

5. 添加记录

记录添加有两种方法:一种方法是在内容中添加,这相当于在数据库的后台直接添加记录;另一种方法是通过一个专门设计出来的页面添加记录,这相当于制作前台的数据表单程序完成记录的添加。

本例中图书类目应由管理员添加,因此可以由管理员在后台直接添加图书类目,而用户上传的二手书交流信息,则应由程序在前台通过表单设计完成。

使用程序添加图书的设计方法将在第 6.3.5 小节中进行介绍。

此处将演示如何在网站后台直接添加图书类目。如图 6-25 所示,单击 Add content 图标按钮,弹出如图 6-26 所示界面,这里输入的就相当于表中的记录。选中 Published 复选框,该条记录才能在页面中看到。

图 6-25　为图书类目添加内容一　　　　　　图 6-26　为图书类目添加内容二

6.3.4　添加布局

布局模板用于定义页面的布局结构。布局模板包含有 HTML 页面公共部分的代码,还预留有相应的占位符,以便提供给不同的页面添加不同的内容。允许放到占位符的内容包括 View、Html block、Module、Folder、Html content 等。

Kooboo CMS 提供了默认的布局模板,开发者可以利用默认的布局模板进行修改。

选择"开发"→"布局"→"创建"菜单命令,进入布局的设计界面。可在此直接输入布局的代码,也可以利用布局右侧的辅助功能使用已有的布局模板。

在 New layout 右侧的文本框中输入布局的名称 layout,可以利用右侧的布局工具辅助生成布局代码,也可以直接输入布局的代码,如图 6-27 所示。

```
New layout: layout
1  <!DOCTYPE html PUBLIC "-//W3C//DTD XHTML 1.0 Strict//EN" "http://www.w3.org/TR/xhtml1/DTD/xhtml1-strict.dtd">
2  <html xmlns="http://www.w3.org/1999/xhtml">
3  <head>
4      @Html.FrontHtml().RegisterStyles()
5      @Html.FrontHtml().Title()
6      @Html.FrontHtml().Meta()
7  </head>
8  <body>
9      <div id="body_container">
10         <div id="header">
11             <div class="header_menu">
12
13             </div>
14             <div class="page_title">
15                 @Html.FrontHtml().RenderView("Menu",ViewData)
16             </div>
17             <div class="top">
18                 @("当前位置: ".Label())
19                 @MenuHelper.Current().LinkText.Label()
20             </div>
21         </div>
22         <div id="main_container">
23             <div id="left_sidebar">
24                 @Html.FrontHtml().Position("left_sidebar")
25             </div>
26             <div id="main_body">
27                 @Html.FrontHtml().Position("main_body")
28             </div>
29             <div id="right_sidebar">
30                 @Html.FrontHtml().Position("right_sidebar")
31             </div>
32         </div>
33         <div id="footer">
34             <div class="copyright">
35                 @("亲子有声阅读交流网".Label())
36                 @("童韵传媒".Label())
37             </div>
38             <div class="footer_menu">
39                 @Html.FrontHtml().RenderView("Menu",ViewData)
40             </div>
41         </div>
42     </div>
43 </body>
44 </html>
```

图 6-27　基本布局

在图 6-27 所示的基本布局中有以下内容。

（1）每一对＜div＞＜/div＞代表层叠样式表的定位，它们都是网页上的一个区域划分，class＝"XX"代表这个层所使用的样式名称。样式的定义位于网站管理菜单"开发"项中的"主题"中。

（2）@Html. FrontHtml(). RenderView("Menu", ViewData)的作用是依次显示导航菜单（关于导航菜单和页面的概念将会在下面"添加页面"中进行介绍）。

（3）@("当前位置：". Label())的作用是在指定的位置显示文字"当前位置"被称为"标签"，标签中的文字都会出现在网站管理菜单"开发"项中的"标签"中。本布局中下面的"亲子有声阅读交流网""童韵传媒"都属于此类标签。

（4）@MenuHelper. Current(). LinkText. Label()是代表导航菜单中当前的菜单名称。

（5）每一个@Html. FrontHtml(). Position()代表着一个位置，在这个位置中可以使用视图、目录或标签。本示例的布局会将主页面区划分为左、中、右 3 个区域。

为了能够在布局顶端进行网站的登录，需要对基本布局代码作进一步的完善，即在图 6-27 中的＜div class＝"header_menu"＞＜/div＞中，添加如图 6-28 所示的代码。

```
<a href="http://www.qinziys.com/"><img src="images/logo.jpg" class="qinziys_logo" title="交子有声阅读交流网" /></a>
<form action="login" name="login_FORM" method="post">
<input type="hidden" name="jumpurl" value="http://www.qinziys.com" />
<input type="hidden" name="step" value="2" />
<input type="hidden" name="ajax" value="1" />
<div class="mylogin">
<table style="table-layout:fixed;">
    <tr>
        <td width="145">
        <span class="fl">
            <a href="javascript:;" hidefocus="true" title="切换登录方式" class="select_arrow" onclick="showLoginType();">
下拉</a></span>
            <div class="fl">
                <div class="pw_menu" id="login_type_list" style="position:absolute;display:none;margin:20px 0 0;">
                <ul class="menuList" style="width:134px;">
                <li><a href="javascript:;" onclick="selectLoginType('0','用户名')" hidefocus="true">用户名</a></li>
                <li><a href="javascript:;" onclick="selectLoginType('2','电子邮箱')" hidefocus="true">电子邮箱</a></li>
                </ul></div></div>
                <div class="login_row mb5">
                <label for="nav_pwuser" class="login_label">用户名</label>
                <input type="text" class="input fl gray" o    name="pwuser" id="nav_pwuser" value="输入用户名">
                </div>
                <div class="login_row">
                <label for="showpwd" class="login_label">密　码</label>
                <input type="password" name="pwpwd" id="showpwd"  class="input fl"></div>
        </td>
        <td width="75">
            <div class="login_checkbox" title="下次自动登录">
            <input type="checkbox" id="head_checkbox" name="cktime" value="31536000">
            <label for="head_checkbox">记住登录</label></div>
            <span class="bt2 fl"><span><button type="submit" name="head_login" style="width:70px;">登录</button></span>
            </span>
        </td>
        <td width="70">
            <a href='@Url.FrontUrl().PageUrl("sendpwd")' class="login_forget">找回密码</a>
            <span class="btn2 fl"><span>
            <button type="button" style="width:70px;"
            onClick="location.href='@Url.FrontUrl().PageUrl("register")';">注册</button></span></span>
        </td>
    </tr>
</table>
</div>
```

图 6-28　在基本布局中添加登录功能

在图 6-28 所示的代码中有以下内容。

（1）第一行中的＜img src＝"images/logo. jpg"...＞表示使用网站的 Logo 图片，该图片位于 images 文件夹。这个文件夹位于网站管理菜单"开发"→"主题"中。

（2）倒数第五行中的＜href＝'@Url. FrontUrl(). PageUrl("register")'＞表示超链接，该链接将会通过@Url. FrontUrl(). PageUrl("register")跳转到名为 register 的页面。

（3）@Url. FrontUrl(). PageUrl("register")是 Kooboo CMS 特有的超链接方式,由于 Kooboo CMS 的页面是在运行时生成的,因而不能像普通网站中直接写成 href = "register"这种方式,而是要通过@Url. FrontUrl(). PageUrl()进行跳转。超链接还有其他带参数的表达方式,将在后面进行介绍。

布局代码生成后,产生的布局效果如图 6-29 所示。

图 6-29　使用 layout 布局的页面效果

6.3.5　添加视图

视图模板承担着组合 HTML 和内容数据的责任,开发人员查询数据,通过模板语法组合输出完整 HTML 内容。视图模板可以配置数据查询,配置的数据结果都会存在 ViewData 中,开发人可以通过 ViewData["DataName"]或者 ViewBag. DataName 得到查询结果对象。视图模板中查询的数据,只允许本视图模板使用,不共享给其他视图。

视图模板可以有参数配置,这些参数可以在页面使用时设置参数值。在代码中使用参数值的方法是 Page_Context. Current["parameter1"]。

在二手书交流的页面中涉及多个视图。下面主要以最左侧的 categorylist 视图的添加为例进行介绍。

选择"开发"→"视图"→"创建"菜单命令,进入视图的编辑模式。

1. 创建数据查询

视图中数据查询的作用相当于 ADO. NET 中的 DataTable,视图读取记录前,应先创建数据查询。如在创建图书类别的视图中,首先应添加图书类别的数据查询,如图 6-30 所示,单击 categorylist 视图右侧数据查询的"＋",在弹出的 Edit Filters 页面中选中 category 单选按钮,如图 6-31 所示,单击"下一条"按钮,如图 6-32 所示,设置 data name(此处设为 dscategory)。如果要设置筛选规则,可利用"内容过滤"来设置。要对数据查询作更多的设置,可利用"高级"选项进行设置。

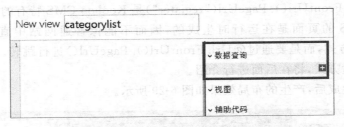

图 6-30 视图中创建数据查询一

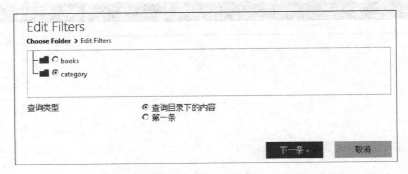

图 6-31 视图中创建数据查询二

图 6-32 视图中创建数据查询三

如图 6-33 所示,数据查询的高级设置如下。

(1) Sort filed:用来选择排序的字段名,数据查询将按照此字段名进行排序。

(2) 排序方向:ASC 为递增,DESC 为递减。

(3) 启用分页:默认为不分页。如启用分页,则数据查询将按照每页记录数中设置的记录数量进行分页显示。

(4) 每页记录数:启用分页时才起作用,是分页时每页中显示的记录数量。

(5) 分页下标:用于控制分页时的页码。

如果启用分页,则要在视图中添加分页的操作代码。

单击 Save 按钮后,数据查询就创建成功了。

✔ 高级

TOP	
Sort filed	category
排序方向	ASC
启用分页	☐
每页记录数	

A const value OR dynamic value get from query string. eg: 10 OR {PageSize}

分页下标	

The page index parameter name. eg:{PageIndex}

《前一条   Save   取消

图 6-33　视图中创建数据查询四

2. 使用数据查询

如果在视图中创建了数据查询,在视图中使用"ViewBag.数据查询名称"就可以访问数据查询中的数据。图 6-34 是 categorylist 的视图代码。

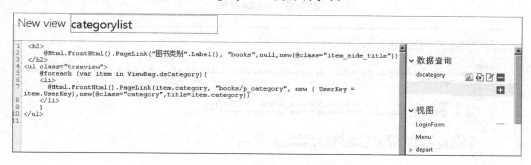

图 6-34　在视图中使用数据查询

在图 6-34 所示的代码中有以下内容。

(1) 这个视图的作用是将图书类别名称以列表的方式进行显示,同时,将每个图书类别名称生成为超链接,当单击某个选中的图书类别名称时,页面被导航到p_category页面,该页面将按选定的图书类别显示图书信息。

(2) @ Html. FrontHtml ( ). PageLink ("图书类别". Label ( ), "books", null, new{@class="item_side_title"})这行代码的作用是生成一个指向 books 页面的超链接,链接显示文字是"图书类别",该链接应用了名为 item_side_title 的样式(books 页面将在后面添加)。

(3) foreach 循环用于遍历图书类别。图书类别通过 ViewBag 访问数据查询dscategory 方式得到。

(4) @ Html. FrontHtml ( ). PageLink (item. category, "books/p_category", new

{UserKey ＝ item. UserKey}, new{@class＝"category", title＝item. category}) 这行代码的作用是将图书类别名称生成超链接, 当用户选择某种类别时, 页面导航会超链接到 p_category 页面。Kooboo CMS 以匿名方式传递页面参数, new {UserKey ＝ item. UserKey} 就是传递的页面参数, UserKey 代表的是图书类别记录所对应的友好主键的值, 这行代码的作用相当于 Web Forms 中的 Response. Redirect ("books/p_category? UserKey＝XXX")。p_category 是按指定图书类别显示图书的页面(该页面将在后面进行创建)。

(5) books/p_category 表示 p_category 页面是从属于 books 页面的二级页面。

3. 其他视图

本例中其他视图代码分别见图 6-35～图 6-38。

```
1  <ul>
2      @foreach (var item in ViewBag.books){
3          <li>
4              <img alt='@item.Title' src='@Url.Content(item.pic1??"")' class="photo_border photo_float_left  items_img_small" />
5              <b>
6                  @Html.FrontHtml().PageLink(item.Title, "books/detail", new { UserKey = item.UserKey})
7              </b>
8              <p>@item.Introduction</p>
9                  @Html.FrontHtml().PageLink("更多信息".Label(), "books/detail",new{UserKey=item.UserKey},new{title="更多信息".Label(), @class="arrow_left"})
10          </li>
11          }
12  </ul>
13  @Html.FrontHtml().Pager(ViewBag.books)
```

图 6-35　books 视图

```
1  <h2>@(ViewBag.books.title ?? "")</h2>
2  <div class="detail books-detail">
3
4      <div>
5          <img alt='@ViewBag.books.title' src='@Url.Content(@ViewBag.books.pic1 ?? "")' class="photo_border items_img_large" />
6      </div>
7      <div>
8          <p>@("售价￥".Label()) @(ViewBag.books.s_price ?? "")</p>
9          <p>@("新旧程度".Label()) @(ViewBag.books.agingdegree ?? "")</p>
10     </div>
11     <div>
12         @("作者".Label()) @(ViewBag.books.author ?? "")
13         @("出版社".Label()) @(ViewBag.books.pubhouse ?? "")
14     </div>
15     <div>
16         @("会员名".Label()) @(ViewBag.books.author ?? "")
17     <div>
18     <div>
19         <p> @(ViewBag.books.Introduction ?? "")</p>
20     </div>
21
22  </div>
23
24  @Html.FrontHtml().PageLink("返回".Label(), "books",null,new{@class="arrow_left"})
```

图 6-36　detail 视图

```
1  <ul>
2      @foreach (var item in ViewBag.books){
3          <li>
4              <img alt='@item.Title' src='@Url.Content(item.pic1??"")' class="photo_border photo_float_left  items_img_small" />
5              <b>
6                  @Html.FrontHtml().PageLink(item.Title, "books/detail", new { UserKey = item.UserKey})
7              </b>
8              <p>@item.Introduction</p>
9                  @Html.FrontHtml().PageLink("更多信息".Label(), "books/detail",new{UserKey=item.UserKey},new{title="更多信息".Label(), @class="arrow_left"})
10          </li>
11          }
12  </ul>
13
```

图 6-37　latestbooks 视图

```
New view  addbooks

1  @using Kooboo.CMS.Content.Query;
2  @using Kooboo.CMS.Content.Models;
3  <h6 class="title">添加图书</h6>
4  <div class="common-form">
5      <form id="ajax-form" method="post" action="@SubmissionHelper.CreateContentUrl()">
6          @Html.AntiForgeryToken()
7          <input type="hidden" name="FolderName" value='@SecurityHelper.Encrypt("books")' />
8          <input type="hidden" name="Published" value="true" />
9          <input type="hidden" name="Categories[0].FolderName" value="bookscategory" />
10         <input type="hidden" name="owner" value="@owner" />
11             <p class="field">
12                 <label for="title1">书名:</label>
13                 <input type="text" id="title" name="title"   data-val-required='@("title is required".Label())' data-
   val="true" />
14                 @Html.ValidationMessageForInput("title")
15             </p>
16             <p class="field">
17                 <label for="author">作者:</label>
18                 <input type="text" id="author" name="author"   data-val-required='@("author is required".Label())' data-
   val="true" />
19                 @Html.ValidationMessageForInput("author")
20             </p>
21             <p class="field">
22                 <label for="sex1">图书类别:</label>
23                 <select id="Categories[0].UUID" name="Categories[0].UUID"  >
24                     @foreach(var myitem in ViewBag.bookcategory)
25                     {
26                     <option value='@myitem.UUID'>@myitem.category</option>
27                     }
28                 </select>
29             </p>
30             <p class="field">
31                 <label for="pubhouse">出版社:</label>
32                 <input type="text" id="pubhouse" name="pubhouse"   data-val-required='@("pubhouse is required".Label())'
```

图 6-38   addbooks 视图

books 视图用简略的方式显示图书信息。

（1）item. pic1 ?? ""表示显示指定记录的 pic1 值，视图中使用这样的语句需要在上一页中使用匿名参数传递记录的 UserKey，当页面转到包含本页的视图时，数据查询就会根据传递的 UserKey 得到该条记录，进而得到该条记录对应的 pic1 值。

（2）代码 src='@Url. Content(item. pic1 ?? "")'的作用是将字段 pic1 所表示的图片显示在网页里。

detail 视图用于显示指定图书的详细信息。

latestbooks 视图用于以简略的方式显示最新添加的 5 条图书信息。

addbooks 视图的作用是通过用户操作添加图书。Kooboo CMS 是通过表单的 post 方法调用@SubmissionHelper. CreateContentUrl()动作来添加记录的。

@SubmissionHelper. CreateContentUrl()动作是 Kooboo CMS 内置的添加记录的方法，与此类似，还有 @ SubmissionHelper. DeleteContentUrl（）动作（删除记录）和@SubmissionHelper. UpdateContentUrl()动作（更新记录）。它们的工作原理是类似的，即通过指定 FolderName 获得要操作的文本内容目录，然后用 input 或 select 等表单控件将这个文本内容目录对应的文本类型的名称和值作为参数 post 方法，Kooboo CMS 会自动执行相应的添加（或删除、更新）操作。

6.3.6　添加页面

页面承担站点内容的组合、站点导航结构的构建。页面由一系列配置信息组成，是 Kooboo CMS 站点处理请求的入口。在创建页面时，需要先选择布局模板，在页面设计器中可以设定页面需要的视图模板，也可以选择数据查询。布局模板和视图模式这两种模板加上数据查询就可以组成页面。

选择"网站管理"→"页面"→"新建",如
图 6-39 所示,需要先选定页面的布局名称。这里
选择之前创建的 bookselling 视图,进入页面编辑
器,如图 6-40 所示。

图 6-39 创建页面

如图 6-40 所示,在页面设计器标签中的 New
page 处的文本框中输入页面的名称(本例是 books),Place Holer 的位置是占位符,可以
添加视图、目录或标签。这里从左到右依次添加的视图为 categorylist、books 和
latestbooks 3 个视图。

图 6-40 页面编辑器

如图 6-41 所示,在"设置"选项卡中,如果选中"设置为首页"复选框后,该页将会作为
网站的首页。一个网站中设置为首页的页面只能有一个。

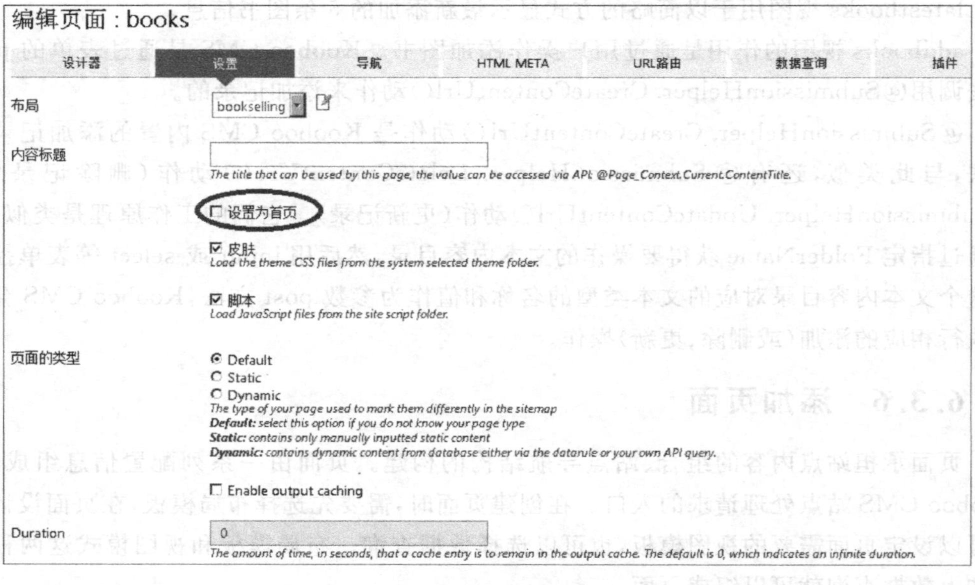

图 6-41 页面中的"设置"选项卡

如图 6-42 所示,在"导航"选项卡中,如果选中"显示在导航"复选框,则可以通过 @MenuHelper 命令在视图中进行页面导航。

(1)"显示文本"是该页面显示在导航栏中的文本,如果没有设置内容,则会显示为页面的名称。

(2)"排序"中的序号用于设置页面在导航中的顺序。@MenuHelper 将会以排序的顺序依次显示多个导航页面。

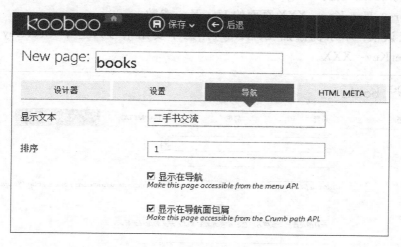

图 6-42　页面中的导航设置

如图 6-43 所示,在页面中的 HTML META 主要用来设置页面的相关信息,如标题、作者、用于 SEO 的信息内容等。此设置对于在搜索引擎中查找到网站和页面很有用处,是进行网络营销、提高被搜索率的一个有力的设置工具。

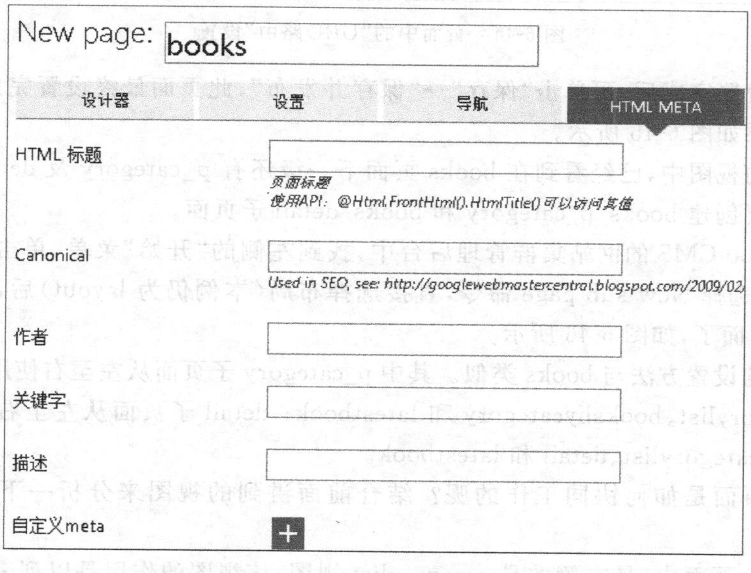

图 6-43　页面中的 HTML META 设置

如图 6-44 所示,在页面的"URL 路由"选项卡中,可以设置以下内容。

(1) Link target:页面显示的位置,有_self、_blank、_parent 和_top 4 种方式。

(2) External URL:设置页面的外部访问路径。

(3) URL 别名:用于设置页面访问时的备注名。

(4) URL 路径:由于本示例需要用 new { UserKey=item. UserKey}传递匿名参数(请看前面的 books 以及 categorylist 等视图),此处应设置为{UserKey},其作用相当于指明 teachers? UserKey=XXX 页面的 UserKey 参数。

(5) 默认值:本示例添加 UserKey(注意不要用括号),这个 UserKey 就相当于 books? UserKey=XXX。

图 6-44　页面中的"URL 路由"设置

当页面设置完成后,可单击"保存"→"保存并发布",此页面最终设置完成了。books 页面预览效果如图 6-45 所示。

在前面的视图中,已经看到在 books 页面下一级还有 p_category 及 detail 两个子页面。此时需要创建 books/p_category 和 books/detail 子页面。

在 Kooboo CMS 的网站集群管理后台中,找到左侧的"开始"菜单,单击 books 页面右侧的箭头,选择 New sub page 命令,直接选择布局(本例仍为 layout)后,就可以创建 books 的子页面了,如图 6-46 所示。

子页面的设置方法与 books 类似。其中 p_category 子页面从左至右使用的 3 个视图分别为 categorylist、booksbycategory 和 latestbook;detail 子页面从左至右使用的 3 个视图分别是 categorylist、detail 和 latestbook。

这 3 个页面是如何协同工作的呢? 结合前面讲到的视图来分析一下页面的工作原理。

在 books 页面中,最左侧的是 categorylist 视图,该视图的作用是以列表的方式列出图书的类别,并将每个类别变成一个超链接。

图 6-45　books 页面预览效果

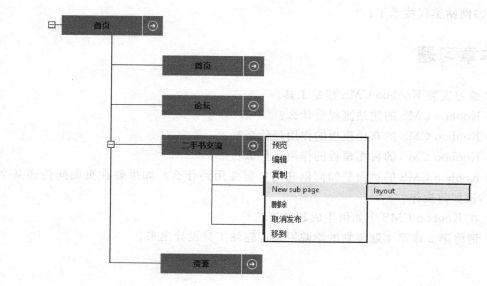

图 6-46　添加 New sub page 子页面

在运行时,当单击 categorylist 中显示出来的某一个图书类别的超链接时,页面会导航到 books/p_category 页面,同时,该类别所对应的 UserKey 值就以匿名的方式传递给 p_category 页面,由于 p_category 子页面中间的视图为 booksbycategory,该视图的作用是按照指定的图书类别值显示该类别所对应的图书信息,这样 p_category 页面就会以指定的图书类别的 UserKey 值来显示对应类目的图书信息。

同理,当单击某一本书的"更多信息"时,页面会导航到 books/detail 页面。detail 子页面用于显示图书的详细信息。这部分功能将由 detail 页面中间的 detail 视图完成。该视图的作用是显示指定 UserKey 的图书。

以上简略地介绍了 Kooboo CMS 建站的方法和步骤。要想深入地学好一个建站工具,还需要学习很多相关的知识,这里不再详细讲解。有兴趣的读者可自行查找资料进行学习。

本章小结

本章主要介绍使用建站工具快速开发网站的方法,以 Kooboo CMS 为例介绍开发网站的流程。由于建站工具有很多种,它们基于的语言种类也不同,读者在学习时可以更换自己熟悉的建站工具进行学习,如对 PHP 较熟悉的可以使用织梦或帝国进行建站学习。Kooboo CMS 是一款基于 ASP. NET 技术和 C♯语言进行网站开发的建站工具。

使用 Kooboo CMS 的建站流程如下。

设计并上传网站模板→创建网站→创建内容数据库→添加布局→添加视图→创建页面。

这些流程中只有创建布局和视图需要对代码比较熟悉,其他步骤基本可以通过操作完成。使用建站工具可以简化编程,快速开发网站,但一定不要认为使用建站工具就不用学习动态网站编程技术了。

本章习题

1. 练习安装 Kooboo CMS 建站工具。

2. Kooboo CMS 的建站流程是什么?

3. Kooboo CMS 的布局模板的作用是什么?

4. Kooboo CMS 的视图模板的作用是什么?

5. Kooboo CMS 的页面是如何创建的?需要用到什么?如果要在页面间传递某个参数值,该如何操作?

6. 在 Kooboo CMS 中如何生成超链接?

7. 请将第 5 章第 4 题策划的学院网站用建站工具设计出来。

第 7 章

网站测试与上传

中小学信息技术教程

学习目标

➤ 了解网站测试的概念和网站测试的类型。

➤ 掌握利用 CuteFTP 工具上传网站的方法。

7.1 网站测试

网站测试是为了发现错误而运行网站的过程,它是指在网站交付给用户使用之前或者正式投入运行之前,对网站的需求规格说明、设计规格说明和编码的最终检查和修改。网站测试的最终目的是尽可能地避免各种错误的发生,以确保整个网站能够正常、高效地运行。但实际上,网站测试是贯穿于网站建设全过程的。

通常开发人员在完成每一个页面的编写后就应该对这个页面进行测试,这类测试称为页面测试,通常由开发人员自己完成,主要测试内容包括美工设计和页面功能的测试,要检查的项目主要有以下两个方面。

1. 页面

首页、二级页面、三级页面能否正常显示,特别是在各种常用分辨率下有无错位发生;页面中的图片内有无错别字;页面内的链接是否正确;各栏目图片与内容信息是否对应等。

2. 功能

页面是否显示正确;页面的功能是否达到客户的要求;页面连接的数据库是否正确;动态生成的链接有无错误;页面传递的参数和内容是否正确;试填测试信息后提交是否达到预定的目的,有无错误等。

在网站设计发布之前,网站还应根据交付的标准和客户的要求,由专人进行全面测试,这是网站开发的一个必要的阶段。全面测试也同样包括页面和程序两方面的综合测试。

在网站上传后,由于网站的环境发生改变,为了防止错误的发生,也应在投入使用之前对网站进行发布测试。

7.1.1 网站测试阶段流程

通常的网站项目基本上采用"瀑布型"的开发方式。在这种开发方式下,各个项目的主要活动比较清晰,易于操作。整个网站项目的生命周期为"需求-设计-编码-测试-发布-实施-维护"。

然而,在制订测试计划时,开发人员对测试的阶段划分还不是十分明晰,经常遇到的问题是把测试计划单纯理解成系统测试,或者把各种类型的测试设计全部都放到生命周期的测试阶段,这样既浪费了开发阶段可以并行的项目日程,又会造成测试工作的不足,同时还可能大大增加了后期测试阶段及系统修改调试的工作量。

因此,明确网站测试工作的流程很有必要。网站测试的工作流程如图 7-1 所示。

图 7-1 网站测试工作流程

7.1.2 制订网站测试计划

进行网站测试,首先要制订网站的测试计划。网站测试计划应在网站规划时进行制订。目前,网站的测试过程已经从一个相对独立的步骤进入嵌套在网站的整个生命周期中,因此,在制订网站的测试计划时应按照以上所说的网站测试工作流程的内容进行制订。

网站测试计划与传统的软件测试既有相同之处也有不同的地方,它对软件测试提出了新的挑战。网站测试不但需要检查和验证是否按照设计的要求运行,而且还要评价系统在不同用户的浏览器端的显示是否正常。更重要的是,还要从最终用户的角度进行安全性和可用性测试。主要从网站功能、网站性能、网站的可用性、浏览器的兼容性、网站安全性等方面进行测试。网站测试计划还要列出测试的参与人员、测试的时间进度等内容。

在网站测试计划中,包括网站测试计划书,在撰写网站测试计划书之前,应列出一个表 7-1 所示的表格,标明网站测试计划的日期、版本、说明和作者等内容。对于网站测试计划书,限于篇幅,不全部列出,只给出某网站测试计划书的目录部分,如图 7-2 所示。这里,读者可自行查阅相关内容进行学习。

表 7-1 网站测试计划

日期	版本	说明	作者

图 7-2 某网站测试计划书

7.2 网站测试的类型

网站测试类型是网站全面测试中最重要的内容,下面将从常用的网站测试类型进行介绍。

7.2.1 功能测试

对于网站的测试而言,每一个独立的功能模块需要进行单独的测试用例的设计,用例设计的主要依据为《需求规格说明书》及《详细设计说明书》。主要测试以下几方面内容。

1. 链接测试

链接是网站中的一个主要特征,它是在页面之间切换和指导用户到达不熟悉页面的主要手段。链接测试可分为 3 个方面。

(1)测试所有链接是否按指示确实链接到该链接的页面。

(2)测试所链接的页面是否存在。

(3)保证网站中没有孤立的页面,孤立页面是指没有链接指向该页面,只有知道正确的 URL 地址才能访问。

　　链接测试必须在全面测试阶段完成，也就是说，当网站中所有页面开发完成后才进行链接测试。

　　测试网站链接的正确性可采用 Xenu 工具软件，如图 7-3 所示，这是 Xenu 工具的工作界面。它是一个绿色软件，无须安装。当把一个要检查的网站的首页网址输入其"检查网址"窗口内后，Xenu 就会自动检测网站内所有的链接是否正确。

地址	状态	类型	大小	标题
http://www.sina.com.cn/	ok	text/html	612729	新浪首页
http://www.sina.com.cn/favicon.svg	ok	image/svg+xml	2039	
http://www.sina.com.cn/favicon.ico	ok	image/x-icon	5430	
http://i3.sinaimg.cn/home/2013/0331/U586P30DT2013033...	ok	image/png	5041	
http://int.dpool.sina.com.cn/iplookup/iplookup.php?f...	ok	text/javas...	167	
http://d1.sina.cn/js/index/14/sync.js	ok	applicatio...	15382	
http://beacon.sina.com.cn/a.gif?noScript	ok	image/gif	35	
javascript:;	skip type			<i>设为首页</i>
http://tech.sina.com.cn/z/sinawap/	ok	text/html		<i>手机新浪网</i>
http://m.sina.com.cn/m/weibo.shtml	ok	text/html	46252	新浪微博
http://m.sina.com.cn/m/sinahome.shtml	ok	text/html	317	新浪新闻
http://m.sina.com.cn/m/sinasports.shtml	ok	text/html	38299	新浪体育
http://m.sina.com.cn/m/sinaent.shtml	ok	text/html	47220	新浪娱乐
http://m.sina.com.cn/m/finance.html	ok	text/html	339	新浪财经
http://m.sina.com.cn/m/weather.shtml	ok	text/html	46258	天气通
http://games.sina.com.cn/o/kb/12392.shtml	ok	text/html	42736	新浪游戏
http://weibo.com/	ok	text/html		<i>微博

Threads: 29　　2090 of 2194 URLs (95 %

图 7-3　Xenu 工具软件的工作界面

2. 表单测试

　　当用户在网站中提交信息时，就需要使用表单操作，如用户注册、登录等信息提交。如图 7-4 所示为网易邮箱登录时的表单。使用表单时应测试提交操作的完整性和校验提交给服务器信息的正确性。

　　如用户填写的出生日期格式是否正确、年龄是否符合实际情况、E-mail 地址是否正确及填写的所属省份与所在城市是否匹配等。如果使用了默认值，还要检验默认值的正确性。如果表单只能接受指定的某些值，测试时就可以使用指定值之外的字符进行提交，看系统是否会报错。

图 7-4　登录网易邮箱时的表单

　　对表单填写的内容要逐一进行提交测试，测试方法主要有边界值测试、等价类测试及异常类测试。测试中要保证每种类型都有两个以上的典型数值的输入，以确保测试输入的全面性。

3. Cookies 测试

　　Cookies 本质上是一个文本文件，它通常用来存储网站中的用户信息，当一个用户使用 Cookies 访问某一个网站时，Web 服务器会把该信息以 Cookies 的形式存储在客户端计算机上，下一次再使用该信息时系统可通过读取 Cookies 直接得到。

如果网站使用了 Cookies，就必须检查 Cookies 是否能正常工作，并且确认 Cookies 信息是否进行了加密。测试的内容可包括 Cookies 是否起作用、是否按预定的时间进行保存、刷新对 Cookies 有什么影响等。

4. 设计语言测试

Web 设计语言版本的差异可以引起客户端或服务器端严重的问题，如使用哪种版本的 HTML 等。当在分布式环境中开发时，开发人员不在一起，这个问题就显得尤为重要。除了 HTML 的版本问题外，不同的脚本语言，如 Java、JavaScript、ActiveX、VBScript 或 Perl 等也要进行验证。

5. 数据库测试

在 Web 应用技术中，数据库起着重要的作用，数据库为 Web 应用系统的管理、运行、查询和实现用户对数据存储的请求等提供空间。在 Web 应用中，最常用的数据库类型是关系型数据库，可以使用 SQL 对信息进行处理。

在使用了数据库的 Web 网站中，一般情况下，可能发生两种错误，分别是数据一致性错误和输出错误。数据一致性错误主要是由于用户提交的表单信息不正确而造成的，而输出错误主要是由于网络速度或程序设计问题等引起的，针对这两种情况可分别进行测试。

7.2.2 性能测试

网站的性能测试对于网站的运行非常重要，因而建立网站性能测试的一整套的测试方案将是至关重要的。网站的性能测试主要从 3 个方面进行：连接速度测试、负载（Load）测试和压力（Stress）测试。

连接速度测试是指对打开的网页进行响应速度的测试。负载测试指的是进行一些边界数据的测试；压力测试更像是恶意测试，倾向是致使整个网站系统崩溃。

1. 连接速度测试

用户连接到网站的速度随着上网方式的不同（如使用无线、宽带、光纤等方式）而变化。当下载一个程序时，用户可能会等待较长的时间，但如果仅仅访问一个页面就不应该这样。如果网站响应时间太长（如超过 5s），用户就会因没有耐心等待而离开。

有时，页面有超时的限制，如果响应速度太慢，用户可能还没来得及浏览内容，就需要重新登录了；而且连接速度太慢，还可能引起数据丢失，使用户得不到真实的页面。这些都应该在连接速度测试时注意到。

2. 负载测试

负载测试是为了测试网站在某一负载级别上的性能，以保证网站在需求范围内正常工作，应该安排在 Web 网站发布以后。负载级别可以是某个时刻同时访问网站的用户数量，也可以是在线数据处理的数量。

负载测试是在常规负载级别下测试网站，确认响应时间是否符合网站性能要求。例如，Web 网站能允许多少个用户同时在线；如果超过了这个数量会出现什么现象；Web 网站能否处理大量用户对同一个页面的请求。

3. 压力测试

压力测试是在超常规负载级别下,长时间连续运行系统,检验 Web 网站的各种性能表现和反应,其实质是实际破坏一个 Web 应用系统,测试系统的限制和故障恢复能力,也就是测试 Web 应用系统会不会崩溃,在什么情况下会崩溃。"黑客"常常提供错误的数据负载,直到 Web 应用系统崩溃,接着当系统重新启动时获得存取权。

压力测试的区域包括表单、登录和其他信息传输页面等。实际测试过程中,压力测试是通过长时间连续运行,从比较小的负载级别开始,增加超负载(并发、循环操作、多用户等),直到 Web 网站的响应时间超时。以此来测试什么时候 Web 网站会产生异常,以及异常处理能力,从而找出网站的瓶颈所在。压力测试本质上就是超常规的负载测试。

通常使用 OpenSTA 工具进行网站性能测试,如图 7-5 所示是 OpenSTA 的工作界面。

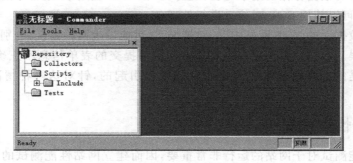

图 7-5　OpenSTA 的工作界面

7.2.3　接口测试

在很多情况下,Web 站点不是孤立的,它可能会与外部服务器进行通信,如请求数据、验证数据或提交订单等。

1. 服务器接口

第一个需要测试的接口是浏览器与服务器的接口。测试人员提交事务,然后查看服务器记录,并验证在浏览器上看到的是否是服务器上发生的。测试人员还可以查询数据库,确认事务数据已正确保存。

2. 外部接口

有些 Web 网站有外部接口。测试人员需要确认软件能够处理外部服务器返回的所有可能的消息。

3. 错误处理

最容易被测试人员忽略的地方是接口错误处理,通常试图确认系统能够处理所有错误,但却无法预期系统所有可能的错误。尝试在处理过程中中断事务,或者尝试中断用户到服务器的网络连接,查看发生的情况以及系统能否正确处理这些错误。

在电子商务的购物网站中,如果用户自己中断事务处理,在订单已保存而用户没有返回网站确认时,需要由客户代表致电用户进行订单确认。

7.2.4　可用性测试

可用性测试也可称为"用户体验测试",是通过 Web 网站的功能来设计测试任务,让用户根据任务完成模拟的真实测试,检验系统的可用性,作为系统后续改进和完善的重要参考依据。目前,可用性缺乏评判基准,需要测试人员更多地从用户角度出发去考虑,而且只能用手工方式进行测试,通常进行的网站可用性测试主要有以下几个方面。

1．导航测试

导航描述了用户在一个页面内或不同的页面之间进行切换操作的方式。通过考虑下列问题,可以决定网站是否易于导航。

(1) 导航是否直观。

(2) 网站的主要部分是否可通过首页存取。

(3) 网站是否需要站点地图、搜索引擎或其他的导航帮助。

在一个页面上放太多的信息往往起到与预期相反的效果。网站的用户趋向于目的驱动,即快速地扫描一个网站,看是否有满足自己需要的信息,如果没有,就会很快地离开。很少有用户愿意花时间去熟悉一个网站的结构,因此,网站导航要尽可能地准确。

导航的另一个重要方面是网站的页面结构、导航、菜单、连接的风格是否一致。确保用户凭直觉就知道网站里面是否还有内容,内容在什么地方。

Web 网站的层次一旦决定,就要着手测试用户导航功能,让最终用户参与这种测试,效果将更加明显。

2．图形测试

在网站中,适当的图片和动画既能起到广告宣传的作用,又能起到美化页面的功能。一个网站的图形可以包括图片、动画、边框、颜色、字体、背景、按钮等。图形测试的内容有以下几个。

(1) 要确保图形有明确的用途,图片或动画不要胡乱地堆在一起,以免浪费传输时间。网站的图片尺寸要尽量地小,并且要能清楚地说明某件事情,一般都要链接到某个具体的页面。

(2) 验证所有页面字体的风格是否一致。

(3) 背景颜色应该与字体颜色和前景颜色相搭配。

(4) 图片的大小和质量也是一个很重要的因素,一般采用 JPG、GIF 或 PNG 格式。

3．内容测试

内容测试用来检验网站所提供信息的正确性、准确性和相关性。

(1) 信息的正确性是指信息是可靠的还是错误的。例如,在商品价格列表中,错误的价格可能引起财政问题甚至导致法律纠纷。

(2) 信息的准确性是指是否有语法或拼写错误,这种测试通常使用一些文字处理软件来进行修正,如使用 Microsoft Word 的"拼音与语法检查"功能。

(3) 信息的相关性是指是否在当前页面可以找到与当前浏览信息相关的信息列表或

入口,也就是一般网站中的"相关文章列表"。

4. 整体界面测试

整体界面是指整个网站的页面结构设计能否给用户以整体感。例如,当用户浏览网站时是否感到舒适,是否凭直觉就知道要找的信息在什么地方,整个网站的设计风格是否一致等。

对整体界面的测试过程,其实是一个对最终用户进行调查的过程。一般网站会在其首页上以调查问卷的形式取得最终用户的反馈信息。

对所有的可用性测试来说,都需要有外部人员(与 Web 网站开发没有联系或联系很少的人员)的参与,最好是有最终用户的参与。

7.2.5 兼容性测试

兼容性测试是为了验证网站可以在最终用户的计算机上正常运行,如果网站用户是全球的,还需要测试各种操作系统以及各种设置的组合。目前,通常进行的兼容性测试主要有以下 3 个方面。

1. 平台测试

市场上有很多不同的操作系统类型,最常见的有 Windows、UNIX、Macintosh、Linux等。网站的最终用户究竟使用哪一种操作系统,取决于用户系统的配置。这样,就可能会发生兼容性问题,同一个网站可能在某些操作系统下能正常运行,但在另外的操作系统下就可能会失败。因此,在网站发布之前,需要在各种操作系统下对网站进行兼容性测试。

2. 浏览器测试

浏览器是 Web 客户端最核心的构件,来自不同厂商的浏览器对 Java、JavaScript、ActiveX、Plug-in 等有不同的支持。例如,ActiveX 是 Microsoft 的产品是为 Internet Explorer 而设计的,JavaScript 是 Netscape 的产品,Java 是 Oracle 的产品等。另外,框架和层次结构风格在不同的浏览器中也有不同的显示,甚至根本不显示。不同的浏览器对安全性和 Java 的设置也不一样。

测试浏览器兼容性的一个方法是创建一个兼容性矩阵。在这个矩阵中,测试不同厂商、不同版本的浏览器对某些构件和设置的适应性。

可以采用 OpenSTA 对不同的浏览器进行测试。

3. 视频测试

视频测试主要是测试页面版式在像素为 640×400、600×800 或 1024×768 的分辨率模式下能否正常显示,视频中的字体是否太小或者是太大以至于无法浏览等。

7.2.6 安全性测试

安全性测试主要是测试网站在没有授权的内部或者外部用户对系统进行攻击或者恶意破坏时如何进行处理,是否仍能保证数据和页面的安全。另外,对于操作权限的测试也包含在安全性测试中。

Web 网站的安全性测试区域主要有以下几个。

1. 目录设置

Web 安全的第一步就是正确设置网站目录。网站的根目录或子目录中都应该有该目录对应的首页面（如 index. html、index. asp、index. php、index. aspx 等）；在 Web 服务器的配置中应将目录浏览的权限去除，以免用户可以看到网站内部的页面信息。

2. 登录

现在的网站基本采用先注册后登录的方式。因此，必须测试有效和无效的用户名和密码，要注意到是否大小写敏感，可以试多少次的限制，是否可以不登录而直接浏览某个页面等。

3. Session

Session 是网站用过的会话技术，要检查网站的 Session 是否有超时的限制，即用户登录后在一定时间内（如 15min）没有单击任何页面，是否需要重新登录才能正常使用。

4. 日志文件

为了保证网站的安全性，日志文件是至关重要的。需要测试相关信息是否写进了日志文件、是否可追踪。

5. 加密

当使用了安全套接字时，还要测试加密是否正确，同时检查信息的完整性。

6. 安全漏洞

服务器端的脚本常常构成安全漏洞，这些漏洞又常常被"黑客"利用。所以，还要测试没有经过授权就不能在服务器端放置和编辑脚本的问题。

通常采用 SAINT（Security Administrator's Integrated Network Tool）工具检测网站系统的安全问题，并给出安全漏洞的解决方案，不过这个软件只能针对一些较常见的漏洞提供解决方案。

7.3 网站上传

网站建设完成并测试成功后，就要将网站内容上传到服务器，以便于用户访问。由于架设网站采用的服务器方式不同（如采用前面章节中所说的自购、托管或租用虚拟主机等方式），上传的方法也不尽可同。

如果是自购或托管，服务器的软件环境完全可以自己安装，然后将网站和相应的数据库进行上传并进行配置即可。如果是租用虚拟主机，则需要按照虚拟主机提供方给定的方法进行上传和配置。下面将以租用虚拟主机的方式进行网站上传和配置的介绍。

由于网站一般都会包括网页和数据库，而两者上传的方法是不同的，这里将分别介绍。

7.3.1 上传数据库

中国万网的虚拟主机空间主要支持 Access、MySQL 和 SQL Server 等数据库。由于本书的示例网站采用的是 SQL Server 的数据库,故本节以在中国万网的虚拟主机空间里以上传 SQL Server 数据库为例进行介绍。

 **实训 7-1**

利用中国万网虚拟主机上传 SQL Server 数据库

【实训目的】

(1) 掌握虚拟主机的数据库上传方法。

(2) 掌握 SQL Server 数据导入导出的方法。

【知识点】

中国万网支持的是 SQL Server 数据库的版本是 2008 版,需要在进行数据库上传的操作计算机上安装 SQL Server 2008(以下称为 MSSQL)企业管理器,同时,操作环境的网络一定要稳定,如果网络速率太慢,客户端的 MSSQL 管理器会出现假死状态(没有反应)。

上传数据库的步骤总体来说分为以下 3 步。

(1) 将本机连接到远程服务器。

(2) 在本机生成 SQL 脚本,并把本机生成的脚本放到远程执行(这一步会在远程服务器上创建表结构、视图和存储过程,但没有把本机数据表里的数据行导入远程服务器)。

(3) 导入数据表里的数据(这一步就是把本机数据表里的数据行导入远程的数据表)。

【实训准备】

(1) 通过租用得到中国万网的虚拟主机和空间。

(2) 本机安装了 MSSQL 2008 版本的管理器。

【实训步骤】

(1) 登录中国万网,进入"管理控制台"→"云虚拟主机"命令,单击租用的虚拟主机的管理链接,就可以看到图 7-6 所示的中国万网给出的数据库管理账号,包括 MSSQL 的数据库连接地址、名称、用户名和密码。

图 7-6　中国万网虚拟主机空间使用的数据库管理账号信息

(2) 利用中国万网给出的账号连接信息,在本机连接远程 SQL Server 服务器,如图 7-7 所示。当连接成功后,可以在本地看到远程数据库服务器的内容,如图 7-8 所示。

(3) 将本地的数据库生成脚本。

① 在本地的数据库上右击,在弹出的菜单中选择"任务"→"生成脚本"命令,如图 7-9 所示。

② 此时 SQL Server 会启动脚本向导,如图 7-10 所示。

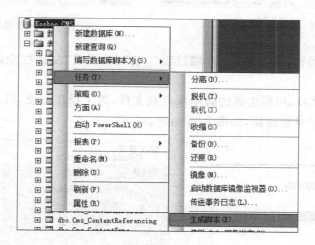

图 7-7　连接到远程 SQL Server 服务器

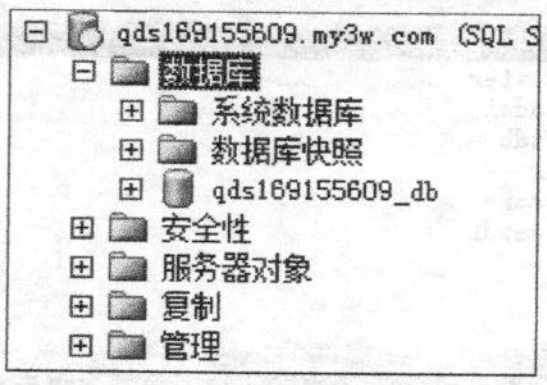

图 7-8　连接到远程数据库
服务器

图 7-9　生成脚本操作

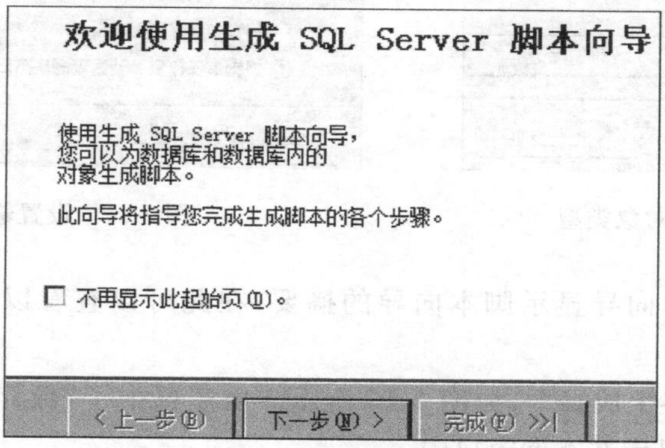

欢迎使用生成 SQL Server 脚本向导

使用生成 SQL Server 脚本向导,
您可以为数据库和数据库内的
对象生成脚本。

此向导将指导您完成生成脚本的各个步骤。

□ 不再显示此起始页(D)。

〈上一步(B)　下一步(N) 〉　完成(F) 〉》|

图 7-10　启动生成脚本操作向导

③ 选择要生成脚本的数据库名称,如图 7-11 所示。

④ 选择脚本生成的选项,如图 7-12 所示。

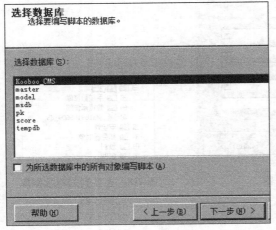

图 7-11　选择数据库　　　　　　　　　　图 7-12　选择脚本选项

⑤ 选择对象类型,此处应将"存储过程""表"和"视图"复选框全部选中,如图 7-13 所示。

⑥ 设置输出选项,可将生成的脚本保存到文件,为了操作方便,可选中"将脚本保存到'新建查询'窗口"单选按钮,如图 7-14 所示。

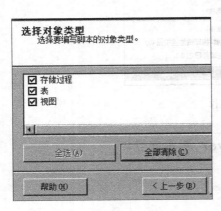

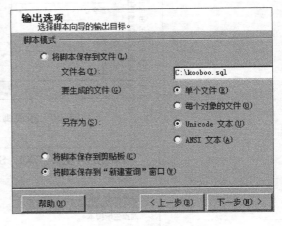

图 7-13　选择对象类型　　　　　　　　　图 7-14　设置输出选项

⑦ 此时生成脚本向导显示脚本向导的摘要,在此可以查看以上对脚本的设置,如图 7-15 所示。

⑧ 脚本向导最终生成脚本,如图 7-16 所示。由于选中了"保存到新建查询窗口"复选框,向导会将脚本显示在查询窗口中。

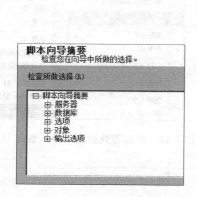

图 7-15　脚本向导摘要

图 7-16　生成脚本进度

（4）利用脚本在远程数据库中生成与本地数据库一样的结构，包括表、视图和存储过程。

① 如图 7-17 所示，在圆圈处的数据库名称下拉列表框中选择远程数据库，将右侧的查询窗口代码的第一行代码删除，然后单击 MSSQL 管理器中的执行按钮，SQL Server 会在远程数据库中运行该脚本，完成在远程数据库生成与本地数据库一样的结构（包括表、视图和存储过程）。

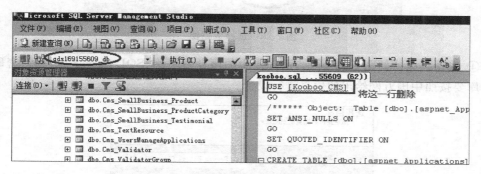

图 7-17　利用脚本生成数据库对象

② 当执行完脚本后，可以在远程数据库中看到新生成的数据库对象，如图 7-18 所示。

（5）将本机数据表里的数据行导入远程数据库。

① 在 MSSQL 的资源管理器中将中国万网指定的数据库信息连接到远程数据库。

② 在远程数据库上右击，在弹出的快捷菜单中选择"任务"→"导入数据"命令，如图 7-19 所示，启动数据导入导出向导。

③ 按向导操作，如图 7-20 所示，要求选择数据源，此处在服务器名称中输入本地数据库服务器的名称或 IP 地址，在数据库中选择本地含有数据的数据库名称。

图 7-18   在远程数据库生成数据库中的对象

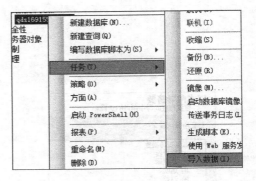

图 7-19   在远程数据库上导入数据

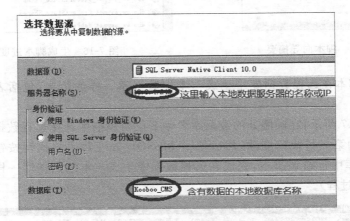

图 7-20   选择数据源

④ 选择目标。如图 7-21 所示，这一步中的服务器名称、SQL Server 用户名、密码和数据库要按照中国万网给出的信息进行设置。

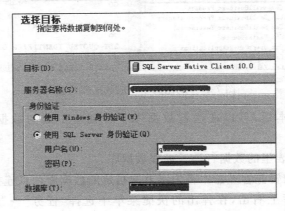

图 7-21   选择目标

⑤ 如图 7-22 所示，在指定表复制或查询的向导中选中"复制一个或多个表或视图的数据"单选按钮，然后单击"下一步"按钮。

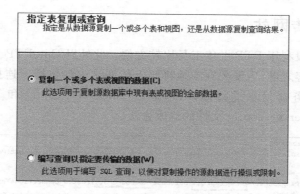

图 7-22 指定表复制或查询

⑥ 如图 7-23 所示,只选择所有的表,单击"编辑映射"按钮。在弹出的"传输设置"对话框中选中"删除现有目标表中的行"和"启用标识插入"复选框,如图 7-24 所示。

⑦ 向导会自动将本地数据库中的数据传输到远程数据库服务器中的数据库中。至此,数据库的上传就全部完成了。

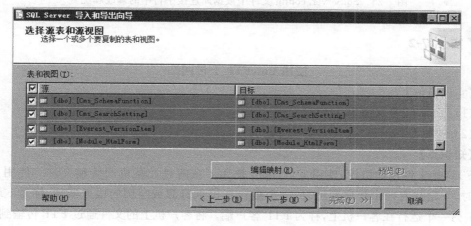

图 7-23 选择源表和源视图

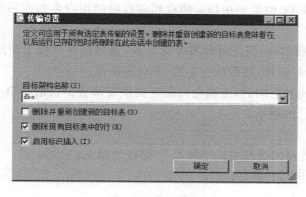

图 7-24 传输设置

7.3.2　上传网站

网站的上传一般利用 FTP 上传工具比较方便。此处以 CuteFTP 为例进行介绍。

在上传网站内容之前,需要先在本地将要上传网站中的数据库连接字符串按虚拟空间给定的数据库服务器信息进行修改,即修改 SqlServer. config 和 Web. config 文件。图 7-25 展示了 SqlServer. config 文件的修改方法。

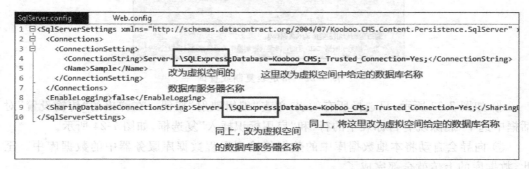

图 7-25　SqlServer. config 文件中数据库连接字符串的修改和配置

 **实训 7-2**

使用 CuteFTP 上传网站

【实训目的】

(1) 了解 FTP 服务。

(2) 掌握 CuteFTP 软件的使用方法。

【知识点】

FTP 是文件传输协议,使用 FTP 服务是为了在两台计算机间传输文件。使用 FTP 服务时,一定是有两个程序在运行,一个运行在提供资源或空间的服务器端,称为 FTP 服务器;另一个运行在客户机上,称为 FTP 客户端。将客户机上的文件通过 FTP 传输到服务器上的动作称为"上传";将服务器端的文件传输到客户机上的动作称为"下载"。

在客户端使用 FTP 时要先用指定的有相应权限的用户名和密码连接到服务器后才能进行上传或下载。

FTP 的工具有很多种,但使用起来大同小异,都是在客户机上使用有效的账号信息建立到 FTP 服务器的连接,然后执行上传、下载的操作。

在租用虚拟主机和空间后,虚拟主机服务提供商都会提供给用户一个 FTP 的账号,以方便用户管理自己的网站。

【实训准备】

(1) 拥有中国万网的虚拟主机空间的 FTP 账号信息。

(2) 安装有 CuteFTP 软件。

【实训步骤】

(1) 登录万网,在云虚拟主机的管理链接中找到 FTP 连接地址、FTP 用户名和密码等信息。

（2）通过"开始"菜单中的"程序"命令来启动 CuteFTP 程序，界面如图 7-26 所示。

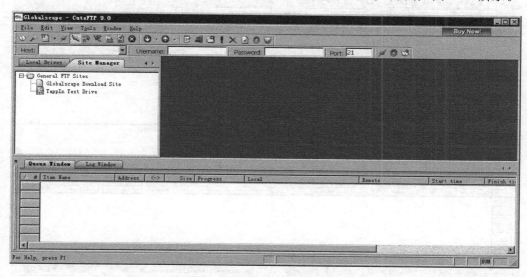

图 7-26　CuteFTP 的工作界面

（3）选择 File→New→FTP Site 菜单命令，弹出的站点属性如图 7-27 所示。

（4）在"站点属性"对话框中，根据万网虚拟空间提供的 FTP 信息设置以下各项。

① Label(标签)：用于设置所建立的 FTP 站点的名称。

② Host address(主机地址)：用于设置虚拟空间的 FTP 地址。

③ Username(用户名)：用于设置虚拟空间提供的 FTP 用户名。

④ Password(密码)：用于设置虚拟空间中对应于 FTP 用户名所对应的口令。

⑤ Comments(注释)：用于设置相关的注释信息。

⑥ Login method(登录方式)：用于设置 FTP 登录方式，有 Normal(标准方式)、Anonymous (匿名方式)和 Double(两者)3 种。

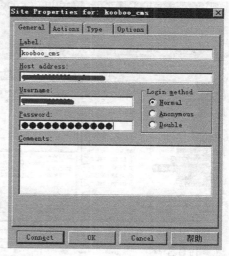

图 7-27　站点属性

（5）设置完成后，单击 Connect(连接)按钮，即可连接相应的 FTP 服务器。连接成功的界面如图 7-28 所示，左侧的 Local Drives 称为本地驱动器窗口，显示的是客户机本地的磁盘系统。右侧是 FTP 远程服务器的空间内容。

（6）在图 7-29 中左侧的 Local Drives(本地驱动器)窗格中，选择相应站点文件夹或文件。如果要选择多个文件或文件夹，可以按住 Ctrl 键或 Shift 键的同时用鼠标选取。

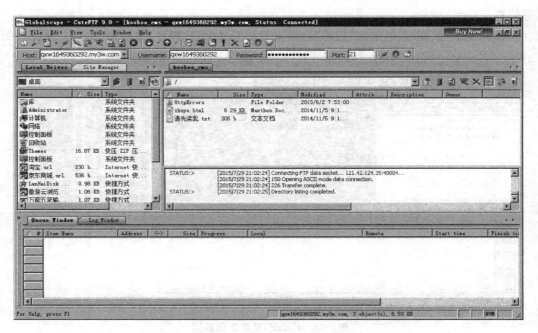

图 7-28　成功连接到 FTP 服务器界面

图 7-29　在本地驱动器中选择网站的全部文件

　　(7) 单击工具栏中的按钮  或直接从左向右(从"本地驱动器"窗格向"远程服务器")拖曳即可上传相应的文件或文件夹。

　　(8) 将文件或文件夹上传到指定位置后,即可通过浏览器查看相应的网页内容。

（9）使用 CuteFTP 也可以完成远程服务器的文件下载工作，即通过 FTP 登录远程 FTP 服务器，将需要的文件从右侧的过程 FTP 服务器上拖动到左侧的本地驱动器对应的文件夹中，就完成了网站下载的过程。网站备份就是利用 CuteFTP 的这个功能完成的。

7.4 正式发布网站开通信息

网站上传到 Web 服务器后，需要进行网站测试，特别是测试与数据库的连接是否有问题。经网站测试为正常后，就可以对外正式发布网站开通的信息了。

网站开通后需要进行网站推广，以便让更多的人了解并使用网站。

本章小结

本章主要介绍网站测试和网站上传两部分内容。网站测试贯穿于网站建设的始终，一直到网站发布为止。应理解网站测试中涉及哪些人员以及网站测试的类型，包括功能测试、性能测试、接口测试、可用性测试、兼容性测试和安全性测试等具体内容。

网站上传是发布前的工作，利用 CuteFTP 工具可以快速地完成网站上传的任务。

本章习题

1. 网站测试发生在网站建设的什么阶段？
2. 网站测试的类型有哪些？各包括什么内容？
3. 网站上传有什么样的方法？
4. CuteFTP 如何使用？
5. 请将第 6 章第 7 题使用建站工具设计的学院网站进行网站测试和网站上传。

第 8 章

网 站 推 广

学习目标

➢ 了解网站推广的概念和常用方法。
➢ 理解搜索引擎优化的概念、策略和方法。
➢ 掌握将网站提交到分类目录和搜索引擎的方法。

网站推广就是以国际互联网（Internet）为基础，利用信息和网络媒体的交互性来推广网站的一种营销方式。通俗的解释就是让尽可能多的潜在用户了解并访问网站，并通过网站获得有关产品和服务的信息，为最终形成购买决策提供支持。

通过网站推广，能够达到 4 个层层递进的目的：找到目标用户、让目标用户知道、让用户登录网站、让用户认可网站。当前传播常见的推广方式主要是在各大网站推广服务商中通过买广告等方式来实现。免费网站推广包括：SEO 优化网站内容，从而提升网站在搜索引擎的排名；在论坛、微博、博客、微信、QQ 等平台发布信息；在其他热门平台发布网站外部链接等。

8.1　制订网站推广方案

在了解了网站推广的概念后，就可以进行网站推广了。但在进行网站推广之前，应对整个推广工作制订一个计划。一般来说，推广网站的计划可以包括下述内容。

- 确定推广方案的阶段目标。
- 在不同阶段所采取的推广方法。
- 网站推广的费用、人员预算。
- 对于推广策略的控制以及效果的评价。

一般来说，制订网站推广方案时，要制订包括时间、实现的目标、分阶段的具体安排、涉及的人员以及费用预算在内的各种具体内容。

8.2 网站推广的常用方法

在制订网站推广方案之前,应了解和学习网站推广的常用方法。在实际推广中,需要对网站推广的方法进行选择与调整,最终达到事半功倍的目的。推广可以选择两种方法:免费的、付费的网站推广方法。选择什么样的推广方法,应根据公司或个人的实际情况来决定。

比如在淘宝初开网店的人,一般可以选择免费的推广方式,这是降低经营风险,减少资金投入的有效方法。但当网站有了一定数量顾客基础时,也就是说有一定的销售额和利润时,就可以选择付费推广的方式了。

下面介绍一些常用的网站推广的方法。

8.2.1 基于传统媒体的网站推广方法

网站推广虽然是以国际互联网为主要媒体,但并非意味着不能使用传统媒体进行网站推广。而实际上,借助传统媒体(如广播、电视、报纸、杂志等)发布专门的网站推广广告,无疑能在公众中产生最大的影响力。

1. 常见传统媒体的类别

(1) 传统广告。传统广告包括视频广告、音频广告、平面广告(如报纸、杂志等)、户外广告(主要是各种广告牌)等。

(2) 企业形象标识。标识和企业形象认证系统与网络品牌结合起来,形成统一的视觉形象。

(3) 各类可接触式的宣传媒体。其包括各种宣传印刷材料(如宣传小册子、彩色画页等)、产品包装(如纸袋)以及信封、信纸、名片、礼品、饰品等。

调用传统媒体来宣传网站(特别是域名和网站主题)以达到宣传网络品牌的目的,这不仅是一种强化品牌效应,使网络品牌升值的有效方法,更是一种覆盖和传播面更广的品牌传播方法。

2. 传统媒体进行网站推广时应注意的问题

1) 覆盖域

覆盖域是在制订媒体战略、具体选择媒体时的一个重要指标。一般来说,目标市场的消费者在地域分布上是相对集中的,而广告媒体的传播对象也有一定的确定性。如果其覆盖域与目标市场消费者的分布范围完全不吻合,那么选择的媒体就不适用。

如果所选择的媒体覆盖区域根本不覆盖或者只覆盖一小部分或者大大超过目标消费者所在区域就都不适用。只有当媒体的覆盖域基本覆盖目标消费者所在区域或与目标消费者所在区域完全吻合时,媒体的选择才是最合适的。

电视媒体的传播范围是相当广泛的。电视传播所到之处,也就是广告所到之处。但就某一具体的电视台或某一具体的电视栏目或电视广告而言,其传播范围又是相对狭窄的。

电视媒体传播范围广泛,同时也造成传播对象构成复杂。不论性别、年龄、职业、民族、修养等,只要看电视都会成为电视媒体的传播对象,但有些受众不可能成为广告主的顾客。因此,电视媒体的传播范围虽然广泛,但是电视广告对象针对性不强、诉求对象不准确。

广播媒体的覆盖面大,传播对象广泛。由于广播是用声音和语言作为介质的,而不是用文字作为载体传播信息,因此广播适合不同文化程度的广大受众,任何有听力的人都可以接受广播广告信息。因而广播广告的传播对象广泛,几乎是全民性的(包括相当数量的文盲和无阅读能力者)。

报纸的传播范围比较明确,既有国际性的又有全国性的和地区性的,既有综合性的又有专业性的,不同的报纸有不同的发行区域,即不同种类的报纸的覆盖范围各有不同。这种明显的区域划分,给广告主选择媒体提供了方便,因而可以提高广告效果,并避免广告费用的浪费。

2) 到达率

到达率是衡量一种媒体的广告效果的重要指标之一。它是指向某一市场进行广告信息传播活动后,接收广告信息的人数占特定消费群体总人数的百分比。在消费群体总人数一定的情况下,接触广告信息的人数越多,广告到达率越高。

电视、广播、报纸的媒体覆盖域都很广泛,在这些媒体上投放广告,其到达率是比较高的。但是由于广告过多、过滥和广告媒体中广告的随意插播、镶嵌行为导致受众对广告的厌烦心理而躲避广告,造成广告信息到达受众的比率严重下降。传统媒体的到达率已大幅降低。

3) 并读性

并读性是指同一媒体被更多的人阅读或收看(听)。电视、广播、报纸都是并读性较高的媒体。

目前由于网络的普及,使得更多的人离开电视屏幕而走向计算机屏幕,这在一定程度上减少了电视观众,降低了电视的并读性。

报纸的并读性也非常高。据估计,报纸的实际读者至少是其发行量的一倍以上。但由于报纸上的广告不可能占据报纸的重要版面,如果在专门的广告版面发布广告信息,某些广告是很难被注意到的,从而影响广告效果。

广播媒体在其问世初期并读性较高,后来随着多种媒体方式的出现,广播收听人数急剧下降。广播媒体的个人收听并读性下降。

4) 注意率

注意率即广告被注意的程度。

电视广告由于视听形象丰富、传真度高、颜色鲜艳,给消费者留下深刻印象,并易于记忆而使注意率最高。但不同电视台,同一电视台不同时段的注意率又有差异,在具体选择媒体时还应结合企业产品的特点和消费对象进行具体分析和选择。

广播媒体的最大优势是范围广泛。有些节目有一定的特定听众,广告主如果选择在自己的广告对象喜欢的节目前后做广告,效果较好,注意率也较高。但广播媒体具有边工作边行动边收听的特点,广告受众的听觉往往是被动的,因而造成广告信息的总体注意率不高。

报纸媒体覆盖域广,但注意率较低。由于报纸版面众多、内容庞杂,读者阅读时倾向于新闻报道及感兴趣的栏目,如果没有预定目标,或者广告本身表现形式不佳,读者往往会忽略,所以报纸广告的注意率极低。

5) 权威性

媒体的权威性对广告效果有很大影响。对媒体的选择应注意人们对媒体的认可度。不同的媒体因其级别、受众群体、性质、传播内容等的不同而具有不同的权威性;从媒体本身看,也会因空间和时间的不同而使其权威性有所差异。

权威性是相对的,受专业领域、地区等各种因素的影响。在某一特定领域有权威的报纸,对于该专业之外的读者群就无权威可言,很可能是一堆废纸。

6) 传播性

从现代广告信息的传播角度来分析,广告信息借助电视媒体,通过各种艺术技巧和形式的表现,使广告具有鲜明的美感,使消费者在美的享受中接收广告信息,因此电视对于消费者的影响高于其他媒体,对人们的感染力最强。

广播是听众"感觉补充型"的传播,听众是否受到广告信息的感染很大程度上取决于收听者当时的注意力。仅靠广播词以及有声响商品自身发出的声音是远远不够的,有的受众更愿意看到真实的商品形态,以便更感性地了解商品,这一点广播是无法做到的。

报纸用文字和画面传播广告信息,即使是彩色版,其传真效果和形象表现力也远不如电视、广播感染力是最差的。

7) 时效性

电视和广播是最适合做时效性强的广告的媒体,报纸次之。电视由于设备等因素制约,时效性不如广播,但在电台发布广告时会受到节目安排及时间限制。

3. 常用的利用传统媒体进行网站推广方法和策略

(1) 传统媒体广告包括报纸、杂志、广播、电视等,在广告中一定要确保展示网站的地址,要将查看网站作为广告的辅助内容,提醒用户浏览网站将获取更多信息。另外,还可以选择在符合网站产品定位的杂志上登广告,因为这些杂志具有较强的用户针对性。不论选择哪种方式,一定要让网址出现在广告中明显的位置。

(2) 在网站开办初期,利用传统媒体策划一系列的宣传活动,宣传企业的形象、发展战略等,在一定的范围内造成影响。这对参加活动的人来说,印象会比较深刻。

(3) 如果是一个传统企业新开办的商务网站,则可以利用企业的原有资源,如商场、企业联盟等进行宣传。

(4) 印制宣传品加强宣传。例如,通过在信纸、名片、宣传册、印刷品等印有网址的物品进行宣传,这种方式看似简单,却十分有效。

(5) 如果企业具有一定的实力,而且网站具有一定的创意或技术创新,可以使用发布新闻的方式扩大影响。

8.2.2　基于邮件的网站推广方法

邮件是指电子邮件,即平常所说的 E-mail。它是买卖双方在互联网上进行信息交流的一种重要工具。通过 E-mail 进行网络营销,实质上是一种有效的网络广告。

企业网站是收集用户 E-mail 营销资源的一个平台,邮件列表用户的加入通常都是通过设在网站上的"订阅框"进行的。在收集用户的邮件信息时,应注意同时收集用户的爱好偏向,从而为有针对性地开展邮件营销提供有针对性的支持。

基于邮件的网站推广方法主要是指邮件群发。它是指企业将自己的需求、产品供应、合作意向或招聘启事等商业信息通过电子邮件发布到企业或个人信箱中,使更多的企业或个人能够了解网站,从而产生更多的商业交易。虽然人们可能会反感广告邮件,但对于与自己有关的广告邮件,人们还是能够看进去的。

进行邮件群发有两种方法:一种是利用网站的邮件服务器收集用户的电子邮箱地址和兴趣爱好,然后将用户关注的主题的信息以邮件的形式送到用户的邮箱;另一种则是利用开发的邮件群发软件将信息一次性发送到所有的用户邮箱中。

使用群发软件时一定要注意邮件主题和邮件内容的书写,很多网站的邮件服务器为过滤垃圾邮件设置了常用垃圾字词过滤,如果邮件主题和邮件内容中包含属于垃圾邮件内容的关键词时,对方的邮件服务器将会过滤掉该邮件,致使邮件不能发送成功。

8.2.3　基于 Web 的网站推广方法

基于 Web 的网站推广有多种方式,下面将详细介绍这些方法。

1. Blog(博客)推广

博客被称为网络日志,具有"人人可以用来传播自己的观点与声音"的属性。伴随着博客用户数量的增多,它已经融入社会生活中,逐步大众化,目前已经成为互联网的一种基础服务。随之带来的一系列新的应用,如博客广告、博客搜索、企业博客、移动博客、博客出版、独立域名博客等创新商业模式,日益形成一条以博客为核心的价值链条。

在这个价值链条上,博客网站提供平台,企业博客作者撰写相关营销博客,并通过持续不断的更新获得与公众之间的交互沟通,积累人气,提升企业或企业产品知名度。关注博客的用户称为"粉丝","粉丝"为博客平台的点击量带来持续高涨的注意力。巨大的点击量又吸引广告商,形成良性循环。

博客推广是指发布原创博客帖子,建立权威度,进而影响用户购买。这种推广方式要求是用原创的、专业化的内容吸引读者,培养一批忠实的读者,在读者群中建立信任度、权威度,形成个人品牌,进而影响读者的思维和购买决定。

做好博客推广要注意以下几个方面。

1) 博客营销的目标和定位

博客营销的过程一定要有明确的目标和定位。在确定目标和定位时要注意以下两个基本原则。

(1) 提高关键词在搜索引擎的可见性和自然排名。做好这一项便能与百度竞价广告、Google 关键词广告形成良性互补,从而促进搜索引擎营销。

（2）通过有价值的内容影响顾客的购买决策。

2）博客营销的平台选择

博客平台一般有3种：独立博客、平台博客、在原有网站开辟博客板块。

独立博客需要自己准备虚拟主机与域名，投入的成本较大，但企业可以完全控制博客内容。独立博客一旦受到搜索引擎认可，在搜索引擎上的权重会很有优势。

平台博客是使用博客服务提供商（BSP）提供的免费或者收费的博客空间，这些BSP多为公司或者非营利性组织，他们免费或者有偿提供的博客服务大多会带有一些广告，用于维持博客服务，包括空间、服务和维护开支。国内著名的BSP有新浪博客、百度空间、搜狐博客、网易博客等，国外有 Google Blogger、Windows Live Spaces 等。

选择BSP的好处是节省了很多费用，包括域名购买费用、租用虚拟主机等，而且不用操心服务器维护的问题。平台博客选择得合理，可以直接利用其现有的搜索引擎权重优势以及平台本身的人气，在平台内如果获得认可后可能获得成员的极大关注。

在原网站开辟博客板块，可以与网站本身形成网络营销以及内容上的互拉互补。

3）博客推广的内容

内容是进行博客推广的基础，没有好的内容就不可能有高效的博客推广。好的博客内容就是要求内容对顾客要有价值，要真实、可靠。同时要注意一些常用的写作技巧。如产品功能故事化、产品形象情节化、产品发展演绎化、产品博文系列化、博文字数精短化。

4）博客推广策略

博客推广策略主要有两大类型，即拉式和推式。比如搜索引擎优化（SEO）就是一种拉式；而在论坛发帖就属于推式。制订博客推广策略时要注意以下几点。

（1）文章内容要进行搜索引擎优化。博客的标签本质上就是关键词，系统将相关文章按标签聚合在一起。写博客帖子时选择标签的重要原则是，一定要精确挑选最相关的关键词，千万不要将每个帖子的大量的关键词都列出来。

（2）内部链接和外部链接要区分开。所有博客的侧栏中都有博客圈链接（也称为博客列表），它列出的是博客作者自己经常阅读或已经订阅的，觉得是值得向其他读者推荐的博客。

5）博客推广的沟通与互动

博客具有双向传播性。要善于利用博客的这一特点。

（1）及时关注和回复访客的留言。博主在看别人相关博客文章的过程中，一定会有共鸣或感想。可以在原博客文章中进行留言或在自己的博客中发布新帖子就这个话题进行讨论，如果是发布在自己博客中的新帖，自己的帖子一定要链接到对方博客的原帖上。

（2）采取激励性的措施，如发起活动和提供奖品来刺激大家的参与和留言。

2. 微博推广

微博即微型博客，是开放互联网社交服务。它最大的特点就是集成化和开放化，用户可以通过手机、IM软件（如 MSN、QQ、Skype）和外部 API 接口等途径发布微博消息。国际上最知名的微博网站是 Twitter，HTC、DELL、通用汽车等很多国际知名企业都在Twitter 上进行营销，与用户交互。

目前，国内外著名的微博有 Twitter、Follow 5、大围脖微博客、品品米等。微博推广以微博作为推广平台,每一个听众(粉丝)都是潜在营销对象,每个企业利用更新自己的微型博客向网友传播企业、产品的信息,树立良好的企业形象和产品形象。每天更新内容,与大家交流,或者共同讨论大家感兴趣的话题,都可以达到营销的目的。

3. 视频分享推广

视频分享在运营方式上以网站形式为主,在视频长度上以短片片段居多,在视频内容上以用户自创制作为主。其优点为用户参与度高;缺点为内容审核机制要求高。

视频分享网站具有一定的用户黏性,创造话题让更多的用户或潜在用户参与到视频创造中,从中能够发现潜在的优秀视频,能够在短时间内聚集起人气,这其中必然蕴含着巨大的商业价值。国内有名的视频媒体网站主要有爱奇艺、土豆网、乐视网、优酷网等。

4. 网络社区推广

随着 Web 2.0 技术的高速发展和社区应用的普及成熟,互联网正逐步跨入社区时代。从论坛 BBS、校友录、互动交友、网络社交等新旧社区应用,到社区搜索、社区聚合、社区广告、社区创业、社区投资等社区经营话题,都是令人关注的热点。典型的网络社区有百度贴吧、天涯社区、猫扑大杂烩、西祠胡同、MySpace 交友社区等。

5. 搜索引擎推广

搜索引擎(search engine)是指根据一定的策略、运用特定的计算机程序搜集互联网上的信息,在对信息进行组织和处理后,将信息显示给用户,是为用户提供检索服务的系统。搜索引擎通过对互联网上网站进行检索,提取相关信息,建立起庞大的数据库。通过搜索引擎人们可以从海量资源中挖掘出有用信息。

现阶段企业搜索引擎推广主要表现在两个方面:一是对企业网站进行基于搜索引擎优化(SEO),主动登录到搜索引擎网站,力争取得较好的自然排名;二是在国内主流搜索引擎上对关键词付费进行竞价排名推广。

1) 搜索引擎优化

搜索引擎优化是一项长期、基础性的网站推广工作。基于搜索引擎优化在技术上主要体现在对网站结构、页面主题和描述、页面关键词及外部链接等内容的合理规划,应遵循以下原则:网站结构尽量避免采用框架结构,导航条尽量不用 Flash 按钮;每个页面都要根据具体内容选择有针对性的标题和富有特色的描述;做好页面关键词的分析和选择工作;增加外部链接。

作为企业网站,搜索引擎结果排名靠前只是一种提升人气的手段,但最重要的还是要将网站内容建设好。

2) 关键字竞价排名

竞价排名是对购买同一关键词的网站按照付费最高者排名靠前的原则进行排名,是中小企业搜索引擎推广见效较快的一种方法,其收费方式采用点击付费。关键词竞价排名可以方便企业对用户的点击情况进行统计分析,企业也可以根据统计分析随时更换关键词以增强营销效果,目前这种方式是中小企业利用搜索引擎推广的首选方式。

企业在选择关键词竞价排名时应注意:尽量选择百度、Google 等主流搜索引擎;同时选择 3～5 个关键词开展竞价排名;认真分析和设计关键词。关键词竞价排名显示的结果一般也是简单的网页描述,需要访问者链接到企业网站才能进一步了解企业相关信息,它本身并不能决定交易的实现,只是为用户发现企业信息提供了一个渠道。同 SEO 一样,关键词竞价排名依旧只是手段,最终决定网站发展的还是企业自身的网站建设。

6. 病毒性网站推广

病毒性网站推广并非是以传播病毒的方式进行推广,而是利用用户口碑宣传网站,让要推广的网站像病毒那样传播和扩散,最终达到推广的目的。这种推广方法本质上是在为用户提供有价值的免费服务的同时,附加一定的推广信息,非常适合中小型企业网站。如果应用得当,就可以以极低的代价取得非常显著的效果。

7. 其他推广方法

除了上面所讲到的网站推广方法外,还有一些网站推广方法,如 MSN 推广、链接推广、有奖竞赛、有奖调查等。网站推广方法不是相互独立的,常常是几种方法混合起来使用。

8.2.4　基于移动终端的网站推广方法

移动营销是指利用手机、PDA 等移动终端为传播介质,结合移动应用系统所进行的推广活动。移动营销的工具主要包括两部分:一是为开展移动营销的移动终端设备,以手机、PDA 为代表;二是移动营销信息传播的载体,如 APP、彩信、短信、流媒体等。

1. 移动营销平台所具备的优势

1) 灵活性

移动技术使得企业与员工的行为在营销过程中比较灵活。这种灵活性为企业带来的利益有随时随地掌握市场动态、了解顾客需求、为顾客提供支持帮助。

为顾客带来的利益有随时随地获得企业新闻和资讯、了解新产品的动态、得到企业的支持等。

2) 互动性

手机、PDA 平台在"交互性"方面有着其他平台无法比拟的优势。企业不仅可以通过手机、PDA 给顾客发送其需要的信息,更可实现意见反馈等多方面的功能。

3) 及时快捷

手机、PDA 信息相对于其他方式来说更为快捷,一是制作快捷,二是发布快捷。虽然信息的发布速度取决于信息的数量和运营商的网络状况,但基本上是在几秒最多几分钟的时间内完成,几乎感觉不到时间差。

4) 到达率高

以其他载体传送的企业信息具有极强的选择性和可回避性,如企业的促销单等宣传信息可能没人看,电视广告可能因消费者的回避而付诸东流,达不到预期的宣传目的。而手机、PDA 用户一般随时随地将手机、PDA 携带在身边,因而企业信息在移动网络和终端正常的情况下可以直接到达顾客。并且,如果信息发送到有需求的顾客手中,顾客会将其暂时保留,从而可延长信息的时效性。

5）可监测性

借助移动技术，企业可了解和监督信息是否被有效地发送给目标顾客，企业还可以准确地监控回复率和回复时间，从而为企业提供了监测信息沟通活动十分便捷的手段，这是其他信息传播载体无法与之相比的。

6）可充分利用零碎时间

手机、PDA 可以最方便地把顾客的零碎时间利用起来，并且能够极为快捷地传播信息。每个人在一天中都有很多零碎时间，如候车、在电梯里、在飞机场、在地铁上、在火车上，借助手机、PDA，顾客可充分利用零碎时间来获取信息。媒体私人化时代到来使得企业营销信息的传递变得随时随地，这也正是移动营销平台的魅力所在。

2. 移动终端营销的主要形式

1）短信营销

短信广告是目前最流行的手机广告业务，通过短信向用户直接发布广告内容是其主要方式。就目前而言，短信广告仍然在手机广告中占据主要地位。它的形式简单，主要通过简短的文字传播广告信息，可直达广告目标，并且成本低。但短信广告也是最初级的广告形式，极有可能成为垃圾短信，引起客户反感。

2）彩信营销

彩信最大的特色是支持多媒体功能，能够传输文字、图像、声音、数据等多媒体格式，多种媒体形式的综合作用使得广告效果比较好。但彩信广告需要移动终端的支持，需要用户开通数据业务，运营商对于移动数据业务收取较高的流量费用，导致彩信广告的发送成本及接收成本较高。同时，手机终端标准的不同阻碍了彩信广告的大规模传播。

3）WAP 营销

WAP 广告实质上就是互联网广告在手机终端上的一种延伸，是在用户访问 WAP 站点时向用户发布的广告，类似互联网用户在访问网页时所看到的广告，所不同的是 WAP 网站可以掌握用户的个人信息，如手机号码等，通过分析用户具体身份信息、浏览信息等细分用户类型，以用户数据库为基础定向营销，达到精确营销的目的。

4）APP 营销

APP 是 Application 一词前 3 个字母的缩写，绝大多数人理解的 APP 都指第三方智能手机的应用程序。实际上 APP 的范畴远远超出了仅仅在手机端的范围。用户一旦将 APP 产品下载到手机，成为客户端或在 SNS 网站上查看，那么持续性使用将成为必然，这无疑增加了产品和业务的营销能力。

同时，通过可量化的精确的市场定位技术突破传统营销定位只能定性的局限，借助先进的数据库技术、网络通信技术及现代物流等手段保障与顾客的长期个性化沟通，使营销达到可度量、可调控等精准要求。

另外，移动应用能够全面地展现产品的信息，让用户在购买产品前感受产品的魅力，刺激用户的购买欲望。

移动应用可以提高企业的品牌形象，让用户了解品牌，进而提升品牌实力。良好的品牌实力是企业的无形资产，为企业形成竞争优势。

3．微信营销

微信是腾讯公司推出的一个为智能手机提供即时通信服务的免费应用程序。它不仅支持语音短信及文字短信的交互，用户还能通过LBS（基于用户位置的社交）搜索身边的陌生人与其互动，从而打破熟人社交的固化模式，将身边的人集中在一个平台中进行互动，极大地颠覆了传统社交渠道。通过微信开展网络营销已经越来越受到人们的重视和使用。

通过微信开展网络营销，主要是借助微信的各项功能，锁定潜在客户群聚集地，利用微信营销系统向潜在客户群即时发送文字、图片、音频、视频等信息。微信营销正逐步提升传统的手机营销模式，将原来的短信海量群发模式逐步升级为交互性的营销行为，常用的微信营销方式有以下几种。

（1）用户通过单击"查看附近的人"后，根据用户的地理位置查找到周围微信用户，在这些附近的微信用户中，除了显示用户的基础资料外，还会显示用户签名档的内容，商家可以注册微信账号，在个性头像设置中上传产品的相关照片或广告，这种免费的广告位对于商家来说就是免费的广告，如果遇到有需求的买家就能够借助微信在线进行交流和交易。

（2）商家在微信上建立公众号，通过这一平台，个人和企业都能创建一个微信的公众号，并可以群发文字、图片、语音3个类别的内容。微信公众平台主要是面向名人、政府、媒体、企业等机构推出的合作推广业务。

在这里可以通过渠道将品牌推广给平台的用户。用户在看到的某个精彩内容（如一篇文章、一首歌曲），就可以通过微信的"分享给微信好友"或"分享到微信朋友圈"分享给自己的好友，从而在微信平台上实现和特定群体的文字、图片、语音的全方位沟通和互动，最终达到推广的目的。

公众号平台通过一对一的关注和推送，可以向"粉丝"推送包括新闻资讯、产品信息、最新活动等消息，甚至能够完成包括咨询、客服等功能。如图8-1所示为当当童书的公众号，在这个公众号里，当当童书会每天介绍一些儿童的新书或者选书的知识及作者、出版社的一些新动态，有时也会有些赠书活动或发放优惠券，从而吸引大量的当当用户。

（3）利用微信的二维码。当用户把二维码图案置于微信的取景框内执行二维码扫一扫功能时，用户就可以通过二维码直达要宣传推广的网站。

如图8-2所示的就是一个二维码。一个网站地址、一个QQ群、一个博客地址都可以用软件直接生成二维码，由于微信用户众多，这种推广方式目前已经使用得非常频繁。

（4）利用微信的漂流瓶功能进行推广。漂流瓶有以下两个功能。

①"扔一个"。用户可以选择发布语音或者文字然后投入大海中，如果有其他用户"捞"到则可以展开对话。

②"捡一个"。"捞"大海中无数个用户投放的"漂流瓶"，"捞"到后也可以和对方展开对话，但每个用户每天只有20次机会。

商家可以通过微信后台对"漂流瓶"的参数进行更改，即商家可以在某一特定的时间抛出大量的"漂流瓶"，普通用户"捞"到的频率也会增加。加上"漂流瓶"模式本身可以发送不同的文字内容，甚至语音小游戏等，能产生不错的营销效果。而这种语音的模式让用户感觉更加真实。

图 8-1 当当童书的公众号   图 8-2 二维码

（5）利用微信的发红包功能。商家可以利用微信向用户发送红包，吸引大量用户关注商家的微信号，通过这种方式可以迅速地聚集大量的人气，从而为营销工作提供基础。

4. QQ 推广

QQ 推广是利用腾讯的 QQ 聊天工具，通过 QQ 好友、QQ 空间或 QQ 群进行网络推广。QQ 软件既可以运行在计算机中，也可以运行在平板或手机中。QQ 空间本质上是一个博客，但 QQ 空间与博客不同的是关注 QQ 空间的"粉丝"，一般就是 QQ 好友。使用 QQ 好友推广本质上与使用 QQ 群推广并无实质的区别。使用 QQ 群推广有以下两种方法。

（1）通过 QQ 群的成员使用邮件推广或直接发送推广的群消息。具体步骤如下。

① 注册 QQ 账号，利用 QQ 的"查找群"功能找到目标客户群，然后加入该 QQ 群。

② 在 QQ 群成员中收集群员的 QQ 邮箱，发送网站推广的邮件（可以发到群员本人的邮箱，也可以发送群邮件）。

③ 在群中直接发送网站推广的群消息。

（2）直接建立 QQ 群。在 QQ 群里开展各种活动，聚集大量的人气，从而进行网站推广。

如图 8-3 所示的是新教育研究所建立的用于推广其教育理念、宣传其网站的部分

QQ群清单。通过自建的QQ群,新教育研究所开展大量的教育专题讲座,吸引了全国大量的家长,进而很好地宣传了他们的研究成果,扩大了本单位的知名度,增加了其官方网站的浏览量和注册用户数量。

图8-3 新教育研究所建立的QQ群清单

 **实训8-1**

使用Web方式进行网站推广

【实训目的】

(1) 理解网站推广的概念。

(2) 掌握网站推广的方法。

【知识点】

针对"亲子有声阅读交流网",采用微博、博客、QQ群等方式进行网站推广。

【实训准备】

已经发布的网站。

【实训步骤】

(1) 进入新浪博客 http://blog.sina.com.cn/,注册新浪博客的账号,创建(开通)博客,如图8-4所示,需要设置博客的名称。

(2) 利用开通的新浪博客发表博客,推广网站。图8-5展示了利用新浪博客与粉丝互动的情景,图8-6展示该推广博客的首页。

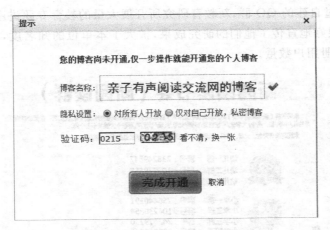

图 8-4 开通新浪博客

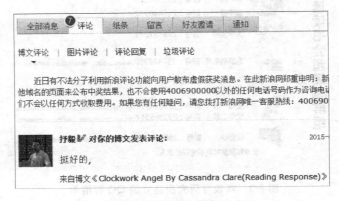

图 8-5 利用新浪博客互动

图 8-6 博客首页

（3）使用新浪的账号直接登录微博 http://weibo.com/，利用微博发送文章，进行网站推广。如图 8-7 所示为微博发表文章的地方。如图 8-8 所示的是微博当前的粉丝信息状况。

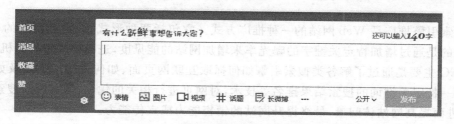

图 8-7　利用新浪微博进行网站推广

图 8-8　微博粉丝情况信息

（4）直接建立 QQ 群，进行网站推广，建立的 QQ 群如图 8-9 所示。

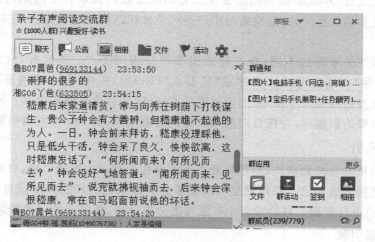

图 8-9　利用 QQ 群进行网站推广

注意：推广要讲究策略，不要直接打广告，而是要通过发布有价值的文章或举办有意义的活动吸引人气，然后将广告巧妙地穿插进来。

8.3 搜索引擎推广

搜索引擎推广是 Web 网站的一种推广方式。它包括两种形式,一种是网站的 SEO,主要目的是通过增加特定关键字的曝光率来增加网站的能见度,进而增加销售的机会。

SEO 主要是通过了解各类搜索引擎如何抓取互联网页面、如何进行索引以及如何确定对某一特定关键词的搜索结果排名等技术,对网页进行相关的优化,使其提高搜索引擎排名,进而提高网站访问量,最终提升网站的销售能力或宣传能力。

另外一种利用搜索引擎推广的方法就是使用付费竞价排名,网站付费后才能被搜索引擎收录,付费越高者排名越靠前,从而提升企业网站的能见度。

8.3.1 搜索引擎工作原理

搜索引擎的工作原理是每个独立的搜索引擎都有自己的网页抓取程序(Spider)。Spider 顺着网页中的超链接,连续地抓取网页。被抓取的网页称为网页快照。由于互联网中超链接的应用很普遍,理论上,从一定范围的网页出发,就能搜集到绝大多数的网页。

搜索引擎抓到网页后,还要做大量的预处理工作,才能提供检索服务。其中,最重要的就是提取关键词,建立索引文件。其他还包括去除重复网页、分析超链接、计算网页的重要度。当用户输入关键词进行检索时,搜索引擎从索引数据库中找到匹配该关键词的网页,同时,为了用户便于判断,除了网页标题和 URL 外,还会提供一段来自网页的摘要以及其他信息。

搜索引擎一般分为三类。

1. 全文搜索引擎

国外的代表有 Google,国内则是百度。它们从互联网提取各个网站的信息(以网页文字为主),建立起数据库,并能检索与用户查询条件相匹配的记录,按一定的排列顺序返回结果。

根据搜索结果来源的不同,全文搜索引擎可分为两类:一类拥有自己的检索程序(Indexer),俗称“蜘蛛”(Spider)程序或“机器人”(Robot)程序,能自建网页数据库,搜索结果直接从自身的数据库中调用,上面提到的 Google 和百度就属于此类;另一类则是租用其他搜索引擎的数据库,并按自定的格式排列搜索结果,如 Lycos 搜索引擎。

2. 目录索引

目录索引虽然有搜索功能,但严格意义上不能称为真正的搜索引擎,只是一个按目录分类的网站链接列表而已。用户完全可以按照分类目录找到所需要的信息,不依靠关键词(Keywords)进行查询。目录索引中有亚马逊分类目录、新浪分类目录搜索等。

3. 元搜索引擎

元搜索引擎是接收用户查询请求后,同时在多个搜索引擎上搜索并将结果返回给用户。

8.3.2 竞价排名方法

中文搜索引擎百度、一搜等都采用了竞价排名的方式。

竞价排名的基本特点是按点击付费,广告出现在搜索结果中(一般是靠前的位置)如果没有被用户点击,不收取广告费,在同一关键词的广告中,支付每次点击价格最高的广告排列在第一位,其他位置同样按照广告主自己设定的广告点击价格来决定广告的排名位置。

1. 竞价排名的特点和主要作用

(1) 按效果付费,广告费用相对较低。

(2) 广告出现在搜索结果页面,与用户检索内容高度相关,增加了广告的定位程度。

(3) 竞价广告出现在搜索结果靠前的位置,容易引起用户的关注和点击,因而效果比较显著。

(4) 搜索引擎自然搜索结果排名的推广效果是有限的,尤其对于自然排名效果不好的网站,采用竞价排名可以很好地弥补这种劣势。

(5) 广告主可以自己控制广告价格和广告费用。

(6) 广告主可以对用户点击广告情况进行统计分析。

2. 竞价排名产品的流程

(1) 选择平台。目前国内的搜索引擎工具主要是百度。

(2) 找服务商或者代理商。使用搜索平台可以直接找服务商或其分公司,也可以通过电话询问企业所在地是否有代理商,通过他们进行产品购买。不要使用没有产品销售资格的组织机构购买;否则一旦出现纠纷,企业的权益将无法得到保证。

(3) 开户费用。竞价排名的产品主要采用的是"预付款扣除"的付费方式,简单来说就是开设一个账户,企业首先缴纳一定的费用,然后根据每次点击设定的费用,服务商从企业账户中扣除。

(4) 自我管理或者委托管理。当开户完成后,服务商或者代理商会交给企业一个管理平台,企业可以通过管理平台选择自己所要投放的关键词,并可以看到同一关键词上其他竞争企业设定的点击价格,与之对照来设定自己的点击价格。

企业将依靠这个平台进行搜索引擎竞价工作,包括价格调整、关键词调整、效果分析等。当然,企业也可以委托服务商或者代理商为自己进行平台的管理和运作。

(5) 充值和停止服务。当企业账户中的款项即将消耗完毕时,服务商或者代理商会及时提醒企业进行充值。企业也可以根据效果的判断决定是否继续充值或者终止这项服务。

3. 在竞价排名中需要注意的技巧和误区

1) 关键词的选择

竞价排名的产品内容和效果是以关键词为导向的,因此关键词的选择是否合理,会影响整个产品的使用和结果。在关键词选择时,有以下几点因素可作为参照的标准。

(1) 关键词要和自身网站(或者营销)内容相关。关键词和网站内容无关将会造成网站推广的效果不理想。

（2）把握好关键词的"冷热度"。不要选择过于热门的词语,这会造成在个别词语上的激烈竞争,从而增大竞价成本;也不要选择过于冷门的词语,这样会白花钱而无人去搜索。

（3）多选择一些普通的关键词。对于刚刚建立的企业网站,搜索引擎的关注度很低,所以自然排名的结果也不很理想,这时企业可以对搜索引擎使用者可能输入的词语进行分析(有专业机构或者工具辅助最好),来提高在更多的普通词语搜索结果中的排名,这样既能使得自己的网站被搜索引擎尽快关注到,又不会有过多的费用支出。

2）位置的选择

很多企业在选择位置时,总会希望自己能排在前三位或者前五位。但实际上对于搜索引擎的使用者来说,他们往往不会只选择一个网站进行信息采集和浏览,他们首先会对搜索结果首页的网站内容进行一个简单的对比,其后会多打开几个网站进行对照,所以,没有必要要求自己的位置过于靠前。特别是在一些很热门的关键词上,只会提高竞价成本。建议保持在首页就可以了。

3）价格的设定

前面说过关键词热门程度的把握和位置的选择,其目的就是让企业不至于把过多的精力和财力放在价格的设定上。很多企业为了省事,往往会对选择的关键词设定一个较高价格,或者没来得及及时调整价格,以至于出现极大的浪费和损失。

因为当产生竞价时,服务商是按照后一位竞价企业给关键词设定的价格为基数,再加上最低竞价金额来收费的,所以只要后一位企业恶意操作,就可以提高竞价价格,给前一位企业造成浪费。

4）排名不仅仅靠的是竞价

比如谷歌和百度的竞价排名位置除了按照所出的价格作为参考依据之外,还要根据网站被搜索者关注的程度,即同样的竞价价格,可能有的网站就会排在前面,这就是因为排在前面的网站更受搜索者喜爱。所以网站的内容建设一定要引起企业重视。

8.3.3　搜索引擎优化方法

1. 影响搜索引擎排名的常见因素

影响排名的常见因素有服务器因素、网站的内容、title 和 meta 标签、网页的设计细节、URL 路径因素、网站链接结构和反向链接。

1）服务器因素

（1）服务器的速度和稳定性。

（2）服务器所在的地区分布。

2）网站的内容因素

（1）网站的内容要丰富。

（2）网站原创内容要多。

（3）用文本来表现内容。

3) title 和 meta 标签设计原则

（1）title 和 meta 的长度要控制合理。

（2）title 和 meta 标签中的关键词密度要合适，一般在 3％～5％内为宜，不要刻意追求关键字的堆积；否则会触发关键字堆砌过滤器（Keyword Stuffing Filter）造成的后果。

4) 网页的排版

（1）大标题要用＜h1＞。

（2）关键词用＜b＞加粗。

（3）图片要加上 alt 注释。

5) URL 路径因素

（1）二级域名比栏目页具备排名优势。

（2）栏目页比内页具备排名优势。

（3）静态路径比动态路径具备优势。

（4）英文网站的域名和文件名最好包含关键词。

6) 网站导航结构

（1）导航结构要清晰明了。

（2）超链接要用文本链接。

（3）各个页面要有相关链接。

（4）每个页面的超链接尽量不要超过 100 个。

7) 反向链接因素

反向链接是指 A 网页上有一个链接指向 B 网页，那么 A 网页就是 B 网页的反向链接。反向链接的质量和数量将影响网站关键词的排名。

2. 常见的 SEO 策略

SEO 技术很重要，不过想要得到非常好的 SEO 效果，SEO 策略比 SEO 技术更加重要，因为 SEO 策略决定 SEO 的效果。

1) 关键词选择的策略

（1）门户类网站关键词选择策略。网站每个页面本身都使用关键词。这样 SEO 突出庞大数量的关键词。

（2）商务类网站关键词选择策略。不要追求网站定位的热门关键词，核心应该放到产品和产品相关的组合词。比如酒店机票预订行业，如果只排机票预订、酒店预订，则带不来多少流量，应该考虑的是以下这类词：

城市名＋酒店（如北京酒店预订）

城市名＋机票（如北京机票预订）

城市名＋城市名＋机票（如北京到广州机票预订）

（3）企业网站关键词选择策略。不要盲目把自己公司的名称当作关键词。企业要根据自己潜在客户的喜好，去选择最适合自己的关键词。这个可以借助相关的工具来挖掘。

（4）借助关键词选择工具。关键词选择工具有百度指数（http://index.baidu.com）、

Google 关键词工具(https://adwords.google.cn/select/KeywordToolExternal.Google)。

2) 网站结构优化策略

关键词选择好后应采取一些网站结构优化策略。如为热门关键词重新制作专题页面。

3) SEO 的执行策略

SEO 的执行策略需要根据网站的技术团队和营销团队的实际情况来制订,这时就需要从项目管理的角度来规划,制订出一个合理的从网站策划、网站运营、网络营销的角度做 SEO 的计划。

3. 新网站使用 SEO 的具体方法

(1) 结合自身网站内容寻找一些关键词(不要找热门关键词),在百度、Google 中搜一下,如果搜索结果中出现的全是网站主页,就放弃;如果大部分都是内页,这个关键词则可以用。

(2) 找到排名前三位的网站,把它们的 title、description 复制下来,整理成适合自己的,一定要比原来的网页排布更优秀、更合理,之后做好超链接。

(3) 新站基本都没外链接,也无法控制,可以暂时放弃,但内链接是可以控制的。做内链接最重要的指标是网站各个链接不出现死链接,能相互精准链接。

(4) 适当主动提交到搜索引擎入口、交换同类型的友情链接,优化网站最好是先建站再优化,最后推广。

(5) 网站不要频繁修改,如 title、description 频繁更换,百度会暂时停止该网站的快照更新,等它重新计算网站权重,再开始更新快照,并调整搜索结果排名,至少会有一周的时间。

4. 搜索引擎优化的优点与不足

1) 搜索引擎优化推广的优点

(1) 自然搜索结果在受关注度上要比搜索广告更占上风。这是由于和竞价广告相比,大多数用户更青睐于那些自然的搜索结果。

(2) 建立外部超链接,让更多站点指向自己的网站,是搜索引擎优化的一个关键因素。而这些超链接本身在为网站带来排名提升,从而带来访问量的同时,还可以显著提升网站的访问量,并将这一优势保持相当长时间。

(3) 能够为客户带来更高的投资收益回报。

(4) 网站内容的优化可改善网站对产品的销售力度或宣传力度。

(5) 完全免费的访问量。

2) 搜索引擎优化的不足

(1) 搜索引擎对自然结果的排名算法并非一成不变,而一旦发生变化,往往会使一些网站不可避免地受到影响。因而 SEO 存在着效果上不够稳定,而且无法预知排名和访问量的缺点。

(2) 由于不但要寻找相关的外部超链接,同时还要对网站从结构乃至内容上精雕细琢(有时须做较大改动)来改善网站对关键词的相关性及设计结构的合理性。而且无法立见成效,要想享受到优化带来的收益,往往可能需要等上几个月的时间。

(3) 搜索引擎优化最初以低成本优势吸引人们眼球,但随着搜索引擎对其排名系统的不断改进,优化成本也越来越高。

如果公司的经济状况能够负担竞价广告的开销,那么竞价广告可以其见效奇快而被列为首选。对于广告预算比较受限制的公司,则可把搜索引擎优化作为搜索引擎营销的首选。

实训 8-2

对网站进行搜索引擎优化

【实训目的】

(1) 了解 SEO 的作用。

(2) 掌握在 Kooboo CMS 创建的网站中进行 SEO 的方法。

【知识点】

Kooboo CMS 工具提供了网页的 SEO 功能。

【实训准备】

已经发布的网站。

【实训步骤】

在 Kooboo CMS 系统中,选中需要进行搜索引擎优化的页面,单击"编辑"按钮,得到如图 8-10 所示页面。在 HTML META 标签中,找到 Canonical 和自定义 meta 项,可以通过在这两个地方设置关键词来优化搜索引擎。

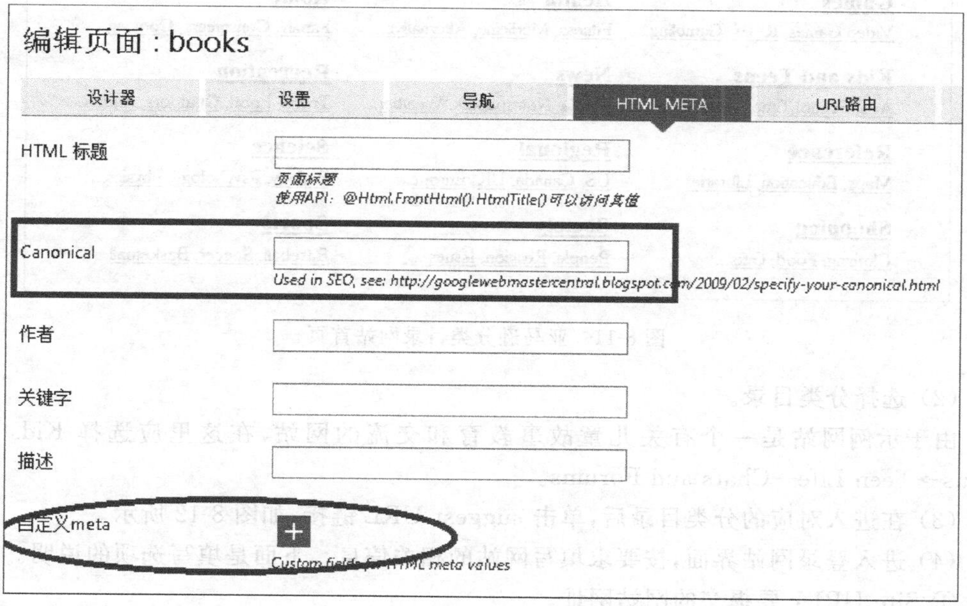

编辑页面：books

| 设计器 | 设置 | 导航 | HTML META | URL路由 |

HTML 标题
　页面标题
　使用API: @Html.FrontHtml().HtmlTitle() 可以访问其值

Canonical
　Used in SEO, see: http://googlewebmastercentral.blogspot.com/2009/02/specify-your-canonical.html

作者

关键字

描述

自定义meta　　+
　Custom fields for HTML meta values

图 8-10　利用 Kooboo CMS 进行网站 SEO 优化

实训 8-3

提交网站到亚马逊分类目录

【实训目的】

（1）了解公共开源目录的作用。

（2）掌握使用亚马逊分类目录进行网站推广的方法。

【知识点】

亚马逊分类目录是世界知名的分类目录收录网站，相应地，将新发布的网站提交到亚马逊分类目录成为网站推广的一个重要的方法。

【实训准备】

已经发布的网站。

【实训步骤】

（1）登录到亚马逊分类目录网站 http://www.dmoz.org/，其界面如图 8-11 所示。

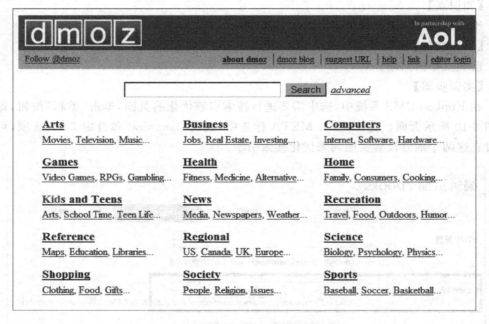

图 8-11　亚马逊分类目录网站首页

（2）选择分类目录。

由于示例网站是一个有关儿童故事教育和交流的网站，在这里应选择 Kids and Teens→Teen Life→Chats and Forums。

（3）在进入对应的分类目录后，单击 suggest URL 链接，如图 8-12 所示。

（4）进入登录网站界面，按要求填写网站的相关信息。下面是填写选项的说明。

① Site URL：要提交的网站网址。

② Title Of Site：提交网站的网站标题。标题应简短适合。

图 8-12　suggest URL 操作位置

③ Site Description：网站说明，不少于 150 字，具体客观地说明将会加快网站登录的处理程序。

④ Your E-mail Address：联系用的电子邮箱地址。要填写真实的邮箱。网站被 dmoz 审核通过后会发送邮件到电子邮箱地址。

⑤ User Verification：用户核查。填写图片中的验证码以确定填写的内容。

（5）在申请亚马逊分类目录收录时，应注意以下信息。

① 网站要有内容，而且和登录的目录要相符合。

② 网站上的联系方式如 E-mail，尽量和 dmoz 填写的信息一致，这样会提高审核通过率。

③ 登录时不要用"最好"和"大约"这样的词，应如实描述网站。

④ 保证网站可以打开。dmoz 编辑程序会对网站进行定期检查，如果网站无法访问，编辑区会显示"错误网站"，所登录的网站信息就会被 dmoz 自动删除。

实训 8-4

提交网站到搜索引擎

【实训目的】

（1）了解上网导航和百度等网站的作用。

（2）掌握使用上网导航、百度网站进行网站推广的方法。

【知识点】

百度是国内最大的搜索引擎，hao123 是一家上网导航网站，现已被百度收购，属于百度旗下的上网导航网址，它及时收到音乐、视频、小说及游戏等热门分类，与百度搜索完美地结合，提供最简单、便捷的网上导航服务。利用它们可以进行网站推广。

【实训准备】

已经发布的网站。

【实训步骤】

（1）登录到 hao123.com 网址 http://www.hao123.com，然后滚动到 hao123 首页的最底端，单击"关于 hao123"链接，可以看到左侧类目中有个"收录申请"链接，如图 8-13 所示。

（2）在收录申请页中的收录申请提交信息中填写相关的网站信息，如图 8-14 所示（说明见右侧），然后单击"提交"按钮即可。

① 推荐网址：填写需要登录的网址。

② 网站名称：填写登录网站的名称。

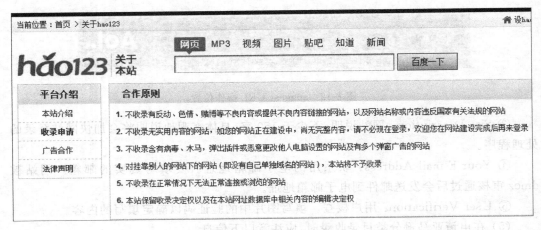

当前位置：首页 > 关于hao123

图 8-13　hao123 收录申请页面

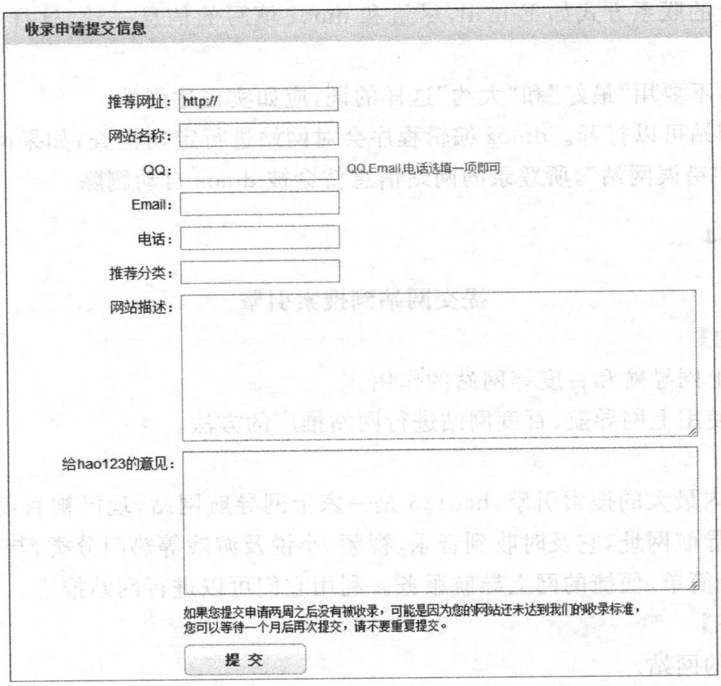

图 8-14　hao123.com 收录申请提交信息页

③ 联系方式：选填项。

④ 推荐分类：先在 hao123 上查看分类，然后根据自己的网站分类填写。

⑤ 网站描述：填写自己网站的描述信息，使用户能从描述中了解到网站的主题。

（3）百度注册网站的网址为 http://www.baidu.com/search/url_submit.html，如图 8-15 所示。

（4）在输入文本框内填入网站的网址，进行提交即可。

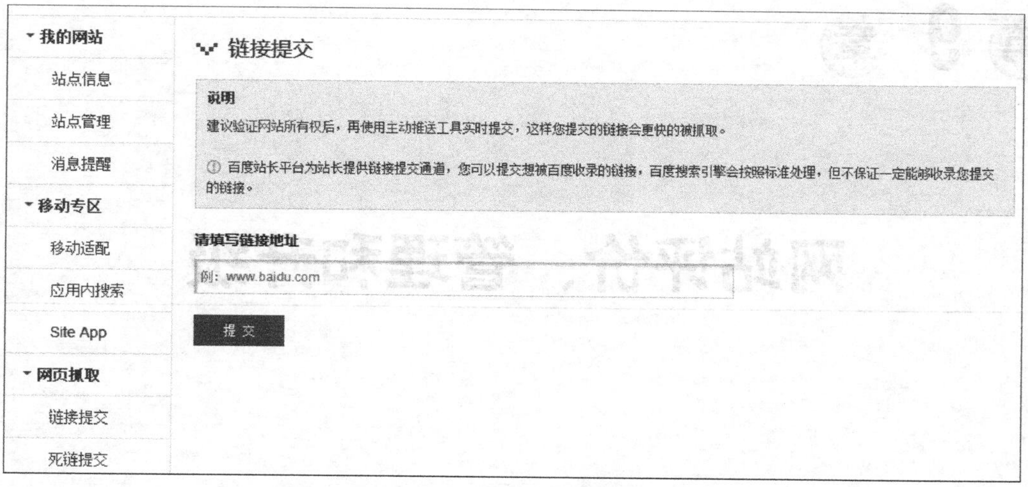

图 8-15　百度注册网址

本章小结

本章主要介绍了网站推广的概念和方法。在网站推广前,应在网站策划阶段就制订出网站推广的方案。网站推广的方法有采用传统媒体(如广播、电视、报纸、杂志等)进行网站推广的线下推广方法,也有利用邮件、博客、微博、视频分享、网络社区、搜索引擎、微信、QQ 等线上推广方式。

无论使用哪种推广方式,其最终目的都是让尽可能多的潜在用户了解并访问自己的网站,并通过网站获得有关产品和服务的信息。

搜索引擎优化是网站推广中一项非常重要的工作。网站推广的效果可通过 9.1 节中网站流量统计与分析进行评价和检测。

本章习题

1. 什么是网站推广?
2. 网站推广有哪些方法?
3. 什么是 SEO? 如何进行 SEO?
4. 请将第 7 章第 5 题上传并发布的学院网站选择适当的方式进行网站推广。

第 **9** 章

网站评价、管理和升级

学习 目标

➢ 掌握网站流量统计与评价的指标和工具。

➢ 了解网站管理与维护的管理制度。

➢ 了解网站防黑客技术和防病毒技术。

➢ 了解网站升级的原因和内容。

掌握将网站提交到分类目录和搜索引擎的方法。对于一个网站而言,不是制作一次就完成了。由于互联网的发展状况不断地变化,网站的内容也需要随之调整,以便给人新鲜的感觉,这样网站才会给用户留下良好的印象,不断地吸引访问者。

这就要求网站管理者经常收集访问者对网站的评价,对网站长期不断地进行维护和更新,特别是在网站推出新产品、新服务项目内容、有了较大变动时,都应该把状况及时在网站上反映出来,以便让访问者及时地了解详细状况。网站也可以及时得到相应的反馈信息,以便做出合理的相应处理。

9.1 网站的评价和统计

在网站运营过程中,网站管理方应对网站的使用情况进行充分的了解,包括通过用户对网站的反馈信息了解用户对网站的真实评价;通过网站流量、搜索引擎排名等统计数据了解网站真实的使用状况。

9.1.1 网站使用者的反馈信息

网站管理方要想获知用户对网站真实的评价,必须通过网站用户对网站使用情况的反馈信息才能获知。一般可以在网站某处建立用户使用反馈信息表、定期给用户发送反馈信息邮件,或者通过即时通信聊天工具与用户进行交流等形式来了解用户对网站的评价,得到网站的不足之处,从而对网站进行修改,提高网站对用户的吸引力。

9.1.2　网站使用情况统计与分析

调查网站使用者,得到他们的反馈信息是一种主动的调查方式。此外,网站管理方还可以通过客观的网站统计数据进行分析,得到网站运作的真实情况。主要包括以下几方面内容。

1. 网站搜索排名

网站搜索排名主要是通过搜索引擎对关键词进行检索而得到的。在第 8 章讲过关于 SEO 的问题,正确选择网站关键词正是提高网站搜索排名的一个重要工作。此外,在使用网站推广策略时,如使用博客、QQ 群、微博、微信等手段时,一定要在推广的文章中添加网站的网址链接,并尽量使用网站的关键词,这样才能有利于网站的搜索引擎排名。

2. 网站流量统计与分析

网站流量统计是一种可以准确分析访客来源的辅助工具,以便网站管理方根据访客的需求增加或修改网站栏目和内容,从而提升网站的转换率和网站流量。

网站流量统计主要实现以下功能。

(1) 精确统计访客的具体来源地区和 IP 地址。

(2) 精确统计目前网站在线人数,每位访问者访问了哪些页面及在每个页面的停留时间。

(3) 精确统计访客是通过哪些页面搜索关键词访问到了哪些页面。

(4) 精确统计访客所使用的操作系统及版本号以及显示分辨率。

(5) 精确统计访客所使用的浏览器及其版本号。

(6) 精确统计网站的粘贴率、回头率及被浏览的页面数。

(7) 精确统计网站的分时统计、分日统计、分月统计、分季统计、实时统计在线访问页面情况。

获取网站访问统计资料通常有两种方法:一种是通过在自己的网站服务器端安装统计分析软件来进行网站流量监测;另一种是采用第三方提供的网站流量统计与分析服务。第二种方式是实现网站统计最简便的方式。

提供第三方网站流量统计与分析服务的软件有多种,如百度统计、站长统计及量子恒道统计等。

3. 网站流量统计与分析的指标

网站流量统计与分析为优化网站提供数据支撑。

网站流量统计对网站有以下作用。

(1) 及时调整掌握网站推广的效果,减少盲目性,以便对网站做出准确调整。

(2) 分析各种网络营销手段的效果,为制订和修正网络营销策略提供依据。

(3) 了解用户访问网站的行为,为更好地满足用户需求提供支持。

(4) 帮助了解网站的访问情况,提前应对系统和数据库负载问题。

(5) 根据监控到的客户端访问信息来优化网站设计和功能。

(6) 通过网站访问数据分析进行网络营销诊断,对各项网站推广活动进行效果分析,网站优化状况诊断等。

网站流量分析是指在获得网站访问量的基本数据的情况下,对有关数据进行分析,从中发现用户访问网站的规律,并将这些规律与网络营销策略等相结合,从而发现目前网络营销活动中可能存在的问题,为进一步修正或重新制订网络营销策略提供依据。

网站访问统计分析的基础是获取网站流量的基本数据,这些数据大致可分为三类,每类包含若干数量的统计指标。

1) 网站流量指标

网站流量指标常用来对网站效果进行评价。这些指标包括以下方面。

(1) 独立访问者数量(Unique Visitors,UV):指访问某个站点的不同 IP 地址的数量。在同一天内,UV 只记录第一次进入网站的具有独立 IP 的访问者,在同一天内再次访问该网站则不计数。独立 IP 访问者提供了一定时间内不同观众数量的统计指标,而没有反映出网站的全面活动。

(2) 重复访问者数量(Repeat Visitors,RV):指访问某个站点时,同一个 IP 地址访问的数量。

(3) 页面浏览量(Page Views,PV):用户每一次对网站中的每个网页访问均被记录 1 次。用户对同一页面的多次访问,访问量累计。

(4) 每个访问者的页面浏览量(Page Views Per User,PVPU):这是一个平均数,即在一定时间内全部页面浏览数与所有访问者相除的结果,即一个用户浏览的网页数量。这一指标表明了访问者对网站内容或者产品信息感兴趣的程度。

(5) 页面显示次数:在一定的时间内页面被访问的次数。

(6) 文件下载次数:某个文件被用户下载的次数。

2) 用户行为指标

用户行为指标主要反映用户是怎么来到网站的,在网站上停留了多长时间以及访问了哪些页面等。其主要的统计指标包括以下方面。

(1) 用户在网站的停留时间。

(2) 用户所使用的搜索引擎及其关键词。

(3) 用户来源网站(也称为引导网站)。

(4) 在不同时段的用户访问量情况。

3) 用户浏览网站的方式

用户浏览网站的方式是指用户通过哪些工具和浏览器访问网站。其主要指标有以下几个。

(1) 用户上网设备类型。

(2) 用户浏览器的名称和版本。

(3) 用户的显示器分辨率。

(4) 用户所使用的操作系统名称和版本。

(5) 用户所在地理区域分布状况。

通过对网站的流量统计和分析,可以更加有效地了解访问者需要什么样的信息,从而对网站做出正确的调整,使网站的价值得到提升。

实训 9-1

使用量子恒道进行网站流量统计

【实训目的】

（1）了解量子恒道的用途。

（2）通过量子恒道统计掌握网站流量统计的数据意义。

【知识点】

量子恒道统计是一套免费的网站流量统计分析系统，可以为站长、博主、网站管理者等用户提供网站流量监控、统计、分析等专业服务。量子恒道统计通过对大量数据进行统计分析，找到用户访问网站的规律，并结合网络营销策略，提供运营、广告投放、推广等决策依据。像淘宝为其店铺经营者提供数据分析和统计的工具就是量子恒道。

【实训准备】

正式发布投入使用的网站。

【实训步骤】

（1）登录 http://www.linezing.com/网站，进入量子恒道网站首页，如图 9-1 所示。

图 9-1 量子恒道网站首页

（2）在量子恒道网站上注册一个用户。注册成功后页面如图 9-2 所示。

图 9-2 开通量子恒道统计账户

（3）在图 9-2 中单击"添加网站"链接，填写如图 9-3 所示的网站相关信息后（注意带 *
号的项目是必填项），单击"提交"按钮。

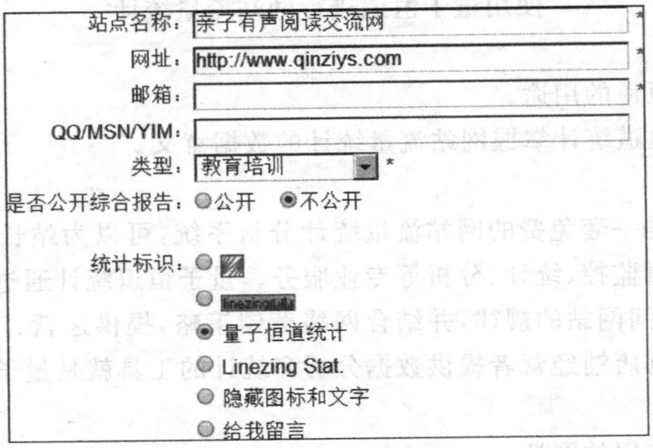

站点名称：亲子有声阅读交流网

网址：http://www.qinziys.com

邮箱：

QQ/MSN/YIM：

类型：教育培训　　▼　*

是否公开综合报告：○公开　◉不公开

统计标识：○

○ linezing.si

◉ 量子恒道统计

○ Linezing Stat.

○ 隐藏图标和文字

○ 给我留言

图 9-3　在量子恒道上添加网站信息

（4）此时量子恒道生成了统计代码，如图 9-4 所示。可以采用"添加统计代码"或"引
用图片统计"两种方法进行统计。前者需要将复制到的统计代码嵌入自己网站页面的
html 代码中＜/body＞之前，后者则应将复制到的引用图片地址嵌入网站的页面中，以完
成统计代码部署。

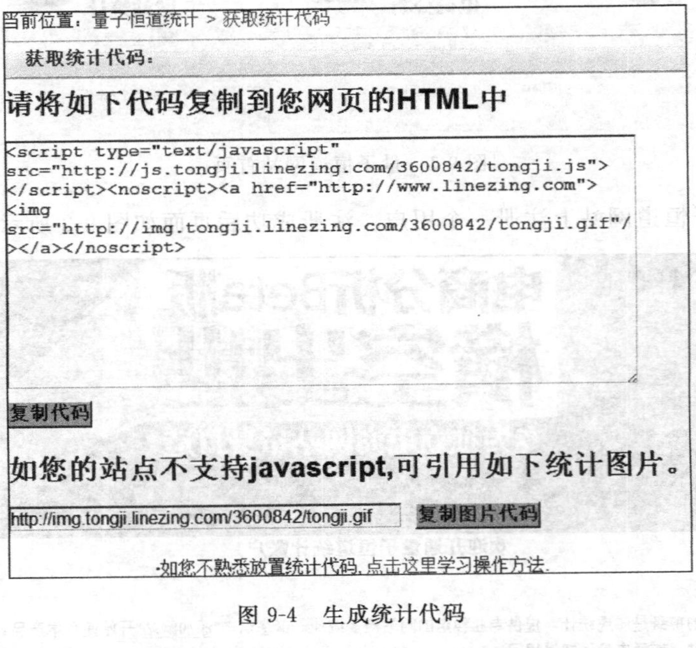

当前位置：量子恒道统计 > 获取统计代码

获取统计代码：

请将如下代码复制到您网页的HTML中

```
<script type="text/javascript"
src="http://js.tongji.linezing.com/3600842/tongji.js">
</script><noscript><a href="http://www.linezing.com">
<img
src="http://img.tongji.linezing.com/3600842/tongji.gif"/
></a></noscript>
```

复制代码

如您的站点不支持javascript，可引用如下统计图片。

http://img.tongji.linezing.com/3600842/tongji.gif　复制图片代码

·如您不熟悉放置统计代码，点击这里学习操作方法·

图 9-4　生成统计代码

（5）开始统计后，量子恒道用户在控制面板页面中可以看到网站的大致情况，如 PV、
UV 和 IP 等。单击详细数据可以查看网站流量的详细数据，如图 9-5 所示。

详细数据的分类统计多达 15 项，如最近访客、时段分析、每日分析、关键词分析等。

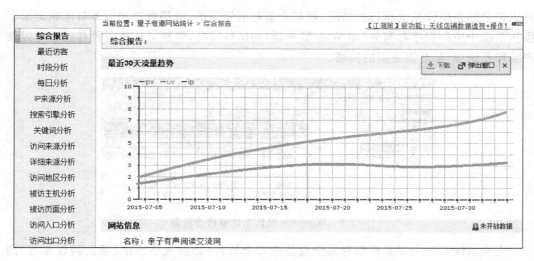

图 9-5　量子恒道统计图

9.2　网站的管理和维护

网站的管理和维护是网站运行期间一项重要的工作,它关系着网站是否运转正常。如果网站一旦出现问题,应在第一时间进行处理。

9.2.1　制订科学合理的网站管理制度

在网站的管理与维护中,很多安全事故的发生都是由于管理制度的不完善、人员责任心不强导致的。因此必须制订全面、可行、合理的制度,保证网站的安全运行。

一般来说,网站管理安全制度要规定网站管理的分工部门及其职责,对网站信息的规范、内容发布、管理员职责等都要做出明确的规定及违反的处罚办法。

一个网站主要由硬件平台、网络操作系统、Web 服务器、数据库系统及网站页面文件等组成,因此网站的管理和维护主要围绕它们进行,涉及的网站管理的安全管理制度也围绕着这些方面去制订。下面将介绍一些在网站管理中涉及的主要制度。

9.2.2　日志管理制度

在网站的建设与管理中,日志系统是一个非常重要的组成部分。它可以记录系统所产生的所有行为,并按照某种规范表达出来。系统管理员可以使用日志系统记录的信息为网站系统进行排错,优化系统的性能。在安全领域,日志系统更为重要,可以说是安全审计方面最主要的工具之一。

在进行网站管理时,要重点检查操作系统日志、应用程序和服务日志、安全系统日志及网站日志。

操作系统日志、应用程序和服务日志由操作系统自动生成。如图 9-6 所示,Windows操作系统可以利用事件查看器查看 Windows 日志以及应用程序和服务日志。操作系统日志记录的是操作系统运行的情况,如某个运行的错误等,应用程序和服务日志则记录了操作系统中应用程序和服务(如 Web 服务器)的运行情况,管理员从这两种日志中可以发现操作系统或 Web 服务器的问题。

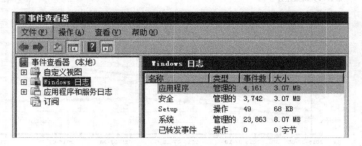

图 9-6　Windows 操作系统事件查看器

　　安全系统日志主要是指信息安全设备或安全软件(如防火墙系统、路由器设备等)的日志,当网络发生故障时,管理员可以从这些日志中发现问题。

　　网站日志是记录 Web 服务器接收处理请求以及运行时错误等各种原始信息的文件。网站日志最大的意义是记录网站空间的运营情况以及被访问请求的记录。通过网站日志可以获得以下信息:登录网站的用户使用什么样的 IP、在什么时间使用什么样的操作系统和浏览器、在什么样的显示器分辨率的情况下访问了网站的哪个页面、是否访问成功等。

　　如果是自购或托管服务器,假如使用的是 IIS,可以从远程登录服务器,然后在 IIS 中找到要查看日志的网站,单击它,在右侧的内容窗口中找到 IIS 项配置项中的"日志",如图 9-7 所示。单击"日志"选项,可以看到网站日志所在的目录位置,如图 9-8 所示。网站日志目录中会有很多日志,每个日志就是一个文本文件,可按时间顺序对日志文件进行排序,然后查看。

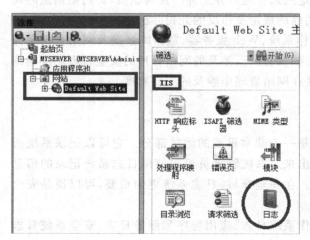

图 9-7　IIS 设置　　　　　　　　　　图 9-8　IIS 中的日志目录位置

实训 9-2

查看万网虚拟主机提供的网站日志

【实训目的】

（1）了解网站日志的用途。

（2）掌握在虚拟主机中查看网站日志的方法。

【知识点】

对于使用虚拟主机的用户,查看网站日志要按各虚拟主机服务商给出的方法进行查看。这里要注意,有的服务商不提供网站日志查看功能。

【实训准备】

在万网已经租用了虚拟主机空间。

【实训步骤】

（1）登录中国万网 http://www.net.cn。

（2）进入"管理控制台"。

（3）单击"云虚拟主机"。

（4）单击租用的虚拟主机右侧的"管理"项。

（5）在"我的主机"信息中选择"操作日志",如图 9-9 所示,可以查看中国万网提供的网站日志内容。

操作日志				
日期：2015-07-01 至 2015-07-31		对象类型： ▼		搜索
日期	来源IP	对象类型	操作类型	操作结果
2015-08-01 15:10:50	223.72.74.149	站点	登录控制台	成功
2015-07-30 14:46:26	59.46.174.114	站点	重置登录密码	成功
2015-07-30 14:46:05	59.46.174.114	站点	登录控制台	成功

图 9-9　中国万网提供的虚拟空间网站日志

在网站的日常管理中,网站的管理者必须经常对日志文件定期进行以下工作。

1. 对日志数据进行一致性检查

对日志数据一致性检查主要从以下情况来分析。

（1）原始日志的结构与系统设置的形式结构是否相符合。

（2）日志中事件发生的时间与前后事件发生时间是否相符合。

（3）定期发生的事件少了还是多了。

（4）定期生成的日志文件少了还是多了。

（5）是否存在服务器运行后已生成日志文件,还未到指定的删除期限,但是文件却不存在的情况。

对各日志文件的一致性检查状况产生统计表供管理员分析以便采取应急措施。

2. 原始日志完整性和加密保护

对原始日志文件的数据应采用一定的保护策略进行完整性保护。对重要的日志文件用光盘和磁带等介质进行备份,特别敏感的日志文件采用 MD5 散列运算和公/私钥体制的加密算法相结合,实现日志的完整性保护和加密保护,最后压缩存放或介质备份。

9.2.3　数据备份和恢复制度

从网站安全角度来说,对网站进行数据备份是非常必要的,如果不建立网站数据备份制度,没有对网站的数据及时而安全地备份,那么在网站一旦出现意外情况时,带来的损失是无法弥补的。

因此,应建立网站数据备份制度,设计网站备份方案,制订网站备份任务,这样当网站发生问题时能够及时地恢复数据,从而保证网站的正常运行。

为网站制订的网站备份方案应该能够备份网站的关键数据,在网站出现故障甚至损坏时,能够迅速恢复网站。从发现网站出现故障到完全恢复的时间应越短越好。网站备份任务应尽可能减少人工的干预,应能够定时自动地对网站数据进行准确备份。

网站的备份内容主要包括以下两个方面。

1. 网站文件的备份

网站文件的备份一般分为以下两种情况。

(1) 差异备份。差异备份方式是对网站中重要文件的备份,如网站的首页、要更新的某个功能页面等。

(2) 完全备份。完全备份方式是对整个网站的备份,包括网站中所有的目录和文件。

多长时间进行一次整站的备份呢? 一般来说,在下面的几种情况下要进行备份。

(1) 定期备份。一般要按备份计划进行定期备份。

(2) 特殊情况备份,如网站发生迁移时。

(3) 当网站文件发生变动时(如网站模板的变更、网站功能的增删等)要进行备份。这是为了防止网站文件的变动引起整站的不稳定或造成网站其他功能和文件丢失的情况发生。

一般来说,对于网站进行差异备份时,由于文件的变动频率较小,备份的周期相对较长,可以在每次变动网站相关文件前(如功能的变动)进行备份。

对于整个网站的完全备份,一般可以通过远程目录打包的方式,将整站目录打包并且下载到本地,这种方式最简单。而对于一些大型网站,网站目录包含大量的静态页面、图片和其他的一些应用程序,这时可以通过 FTP 工具,将网站目录下的相关文件直接下载到本地,根据备份时间在本地实现定期打包和替换。这样可以最大限度地保证网站的安全性和完整性。

网站文件备份时,应注明备份的日期和时间,有必要的,还应附加一个说明性的文本文件,注明备份时网站的状态。

2. 数据库的备份

数据库对于一个网站来说,其重要性不言而喻。网站文件损坏可以通过一些技术手段实现还原,如模板文件丢失,可以采取另换一套模板的方式;网站文件丢失,可以再重新安装一次网站程序。但如果数据库丢失,这种损坏就难以弥补了。

相对于网站文件而言,网站所用的数据库变动的频率就很快,因此数据库的备份频率相对来说也会更频繁。一般提供主机托管业务或虚拟空间业务的公司通常会每周进行一次数据库的备份。

对于一些使用建站工具(如 Discuz、PHPwind、DEDECMS 等建站系统)做的网站,在后台就提供了数据库一键备份功能,这样可以自动将网站所用的数据库自动备份到指定的网站文件夹中。

如果还不放心,网站管理员可以定期将数据库导出并下载到本地,从而实现数据库的本地、异地双备份。

网站的备份也可以通过一些专业的网站备份工具进行备份。这些备份工具较有名的有 MozyHome、赛门铁克 Backup exec、Dropbox 和 Zetta 等。

9.2.4　权限制度

权限制度是网络安全防范和保护的重要措施,其任务是保证网络资源不被非法使用和访问。

权限制度包括以下内容:入网访问权限、操作权限、目录安全控制权限、属性安全控制权限、网络服务器控制权限、网络监听及锁定权限等。

权限制订主要是针对自购或托管服务器而言,需要在服务器的操作系统上进行相应的安全设置。对于租用虚拟主机的用户来说,权限制度是由虚拟主机提供商进行的。

访问控制是网络安全防范和保护的主要策略,它的主要任务是保证网络资源不被非法使用和访问。它是保证网络安全最重要的核心策略之一。

1. 入网访问控制

入网访问控制为网络访问提供了第一层访问控制。它控制哪些用户能够登录到服务器并获取网络资源,控制准许用户入网的时间和准许他们在哪台工作站入网。用户的入网访问控制可分为 3 个步骤:用户名的识别与验证、用户口令的识别与验证、用户账号的默认限制检查。三道关卡中只要任何一关未过,该用户便不能进入该网络。

对网络用户的用户名和口令进行验证是防止非法访问的第一道防线。为保证口令的安全性,用户口令不能显示在显示屏上,口令长度应不少于 6 个字符,口令字符最好是数字、字母和其他字符的组合,用户口令必须经过加密。用户还可采用一次性用户口令,也可用便携式验证器(如智能卡)来验证用户的身份。

网络管理员可以控制和限制普通用户的账号使用、访问网络的时间和方式。用户账号应只有系统管理员才能建立。用户口令应是每个用户访问网络所必需的,用户可以修改自己的口令。系统管理员应该可以对口令做以下控制。

(1) 最小口令长度。

（2）强制修改口令的时间间隔。

（3）口令的唯一性。

用户名和口令验证有效后，再进一步履行用户账号的默认限制检查。网络应能控制用户登录入网的站点、限制用户入网的时间、限制用户入网的工作站数量。网络应对所有用户的访问进行审计。如果多次输入口令不正确，则认为是非法用户的入侵，应给出报警信息，必要时锁定对方 IP 地址。

2. 权限控制

网络的权限控制是针对网络非法操作所提出的一种安全保护措施。用户和用户组被赋予一定的权限。网络控制用户和用户组可以访问哪些目录、子目录、文件和其他资源。可以指定用户对这些文件、目录、设备能够执行哪些操作。

受托者指派和继承权限屏蔽可作为两种实现方式。受托者指派控制用户和用户组如何使用网络服务器的目录、文件和设备。继承权限屏蔽相当于一个过滤器，可以限制子目录从父目录那里继承哪些权限。

根据访问权限，用户可分为以下几类。

（1）系统管理员：拥有所有的操作权限。

（2）一般用户：系统管理员根据他们的实际需要为他们分配操作权限。

（3）审计用户：负责网络的安全控制与资源使用情况的审计。

用户对网络资源的访问权限可以用访问控制表来描述。

3. 目录级安全控制

网络应允许控制用户对目录、文件、设备的访问。用户在目录一级指定的权限对所有文件和子目录有效，用户还可进一步指定对目录下的子目录和文件的权限。对目录和文件的访问权限一般有 8 种：系统管理员权限、读权限、写权限、创建权限、删除权限、修改权限、文件查找权限和访问控制权限。

8 种访问权限的有效组合可以让用户有效地完成工作，同时又能有效地控制用户对服务器资源的访问，从而加强了网络和服务器的安全性。

用户对文件或目标的有效权限取决于以下因素：用户的受托者指派、用户所在组的受托者指派、继承权限屏蔽取消的用户权限。系统管理员应当为用户指定适当的访问权限，这些访问权限控制着用户对服务器的访问。

4. 属性安全控制

当用文件、目录和网络设备时，网络系统管理员应给文件、目录指定访问属性。属性安全在权限安全的基础上提供更进一步的安全性。网络上的资源都应预先标出一组安全属性。用户对网络资源的访问权限对应一张访问控制表，用以表明用户对网络资源的访问能力。

属性设置可以覆盖已经指定的任何受托者指派和有效权限。属性往往能控制以下几方面的权限：向某个文件写数据、复制一个文件、删除目录或文件、查看目录和文件、执行文件、隐含文件、共享、系统属性等。

5. 服务器安全控制

网络允许在服务器控制台上执行一系列操作。用户使用控制台可以装载和卸载模块,可以安装和删除软件等操作。网络服务器的安全控制包括可以设置口令锁定服务器控制台,以防止非法用户修改、删除重要信息或破坏数据;可以设定服务器登录时间限制、非法访问者检测和关闭的时间间隔。

9.3　网站安全防范

黑客攻击是对网站安全的最大挑战。虽然网站管理员会采取多种防范措施,做到让网站更安全,但"道高一尺,魔高一丈",仍然有黑客突破网站的安全防范措施,进而窃取网站信息或破坏网站内容。所以,作为网站管理人员应正确认识各种安全防范措施的功能特点,进一步加强网站的安全管理。

【小贴士】

黑客是英文 Hacker 的音译,Hacker 这个单词源于动词 Hack,原是指热心于计算机技术且水平高超的计算机专家,尤其是程序设计人员。他们非常精通计算机硬件和软件知识,对操作系统和程序设计语言有着全面深刻的认识,善于探索计算机系统的奥秘,发现系统中的漏洞及原因所在。他们信守永不破坏任何系统的原则,检查系统的完整性和安全性,并乐于与他人共享研究成果。

今天黑客一词已被用于泛指那些未经许可就闯入计算机系统进行破坏的人。他们中的一些人利用漏洞进入计算机系统后,破坏重要的数据。另一些人利用黑客技术控制别人的计算机,从中盗取重要资源,干起了非法的勾当。他们已经成了入侵者和破坏者。

9.3.1　防黑客管理

造成网络不安全的主要因素是系统、协议及数据库等设计上存在的缺陷。由于当今的计算机网络操作系统在本身结构设计和代码设计时偏重考虑系统使用时的方便性,导致系统在远程访问、权限控制和口令管理等许多方面存在安全漏洞。

网络互联一般采用 TCP/IP 协议,它是一个工业标准的协议簇,但该协议簇在制订之初,对安全问题考虑不多,协议中有很多的安全漏洞。同样,数据库管理系统(DBMS)也存在数据的安全性、权限管理及远程访问等方面问题。

1. 黑客的进攻过程

1) 收集信息

黑客在发动攻击前需要锁定目标,了解目标的网络结构,收集各种目标系统的信息等。首先黑客要知道目标主机采用的是什么操作系统、什么版本,如果目标主机开放 Telnet 服务,黑客只要 Telnet 目标主机,就会显示系统的登录提示信息;接着黑客还会检查其开放端口进行服务分析,看是否有能被利用的服务。

WWW、Mail、FTP、Telnet 等日常网络服务,通常情况下 Telnet 服务的端口是 23,

WWW 服务的端口是 80，FTP 服务的端口是 23。利用信息服务，像 SNMP 服务、Traceroute 程序、Whois 服务可以来查阅网络系统路由器的路由表，从而了解目标主机所在网络的拓扑结构及其内部细节。Traceroute 程序能够获得到达目标主机所要经过的网络数和路由器数。Whois 协议服务能提供所有有关的 DNS 域和相关的管理参数。

Finger 协议可以用 Finger 服务来获取一个指定主机上所有用户的详细信息（如用户注册名、电话号码、最后注册时间以及他们有没有读邮件等），所以如果没有特殊的需要，管理员应该关闭这些服务。可以利用扫描器发现系统的各种漏洞，包括各种系统服务漏洞、应用软件漏洞、CGI、弱口令用户等。

2）实施攻击

当黑客探测到了足够的系统信息，对系统的安全弱点了解后，就会发动攻击，当然他们会根据不同的网络结构、不同的系统情况而采用不同的攻击手段。一般黑客攻击的终极目的是能够控制目标系统、窃取其中的机密文件等，但并不是每次黑客攻击都能够达到控制目标主机的目的，所以有时黑客也会发动拒绝服务攻击之类的干扰攻击，使系统不能正常工作。

3）控制主机并清除记录

黑客利用种种手段进入目标主机系统并获得控制权之后，不会马上进行破坏活动，如删除数据、涂改网页等。一般入侵成功后，黑客为了能长时间地保留和巩固他对系统的控制权，不被管理员发现，他会做两件事：清除记录和留下后门。

日志往往会记录一些黑客攻击的蛛丝马迹，黑客当然不会留下这些"犯罪证据"，他会删除日志或用假日志覆盖它。为了日后可以不被觉察地再次进入系统，黑客会更改某些系统设置、在系统中置入特洛伊木马或其他一些远程操纵程序。黑客会利用一台已经攻陷的主机去攻击其他的主机或者发动 DoS 攻击使网络瘫痪。

2. 黑客常用的攻击方法

1）口令攻击

口令攻击是黑客最老牌的攻击方法，从黑客诞生的那天起它就开始被使用，这种攻击方式有以下 3 种方法。

（1）暴力破解法。在知道用户的账号后用一些专门的软件强行破解用户口令（包括远程登录破解和对密码存储文件 Passwd、Sam 的破解）。这种方法要有足够的耐心和时间，如果用户账号使用简单口令，黑客就可以迅速将其破解。

（2）伪造登录界面法。在被攻击主机上启动一个可执行程序，该程序显示一个伪造的登录界面，当用户在这个伪装的界面上输入用户名、密码后，程序将用户输入的信息传送到攻击者主机。

（3）通过网络监听来得到用户口令。这种方法危害性很大，监听者往往能够获得其一个网段的所有用户账号和口令。

2）特洛伊木马攻击

特洛伊木马程序攻击也是黑客常用的攻击手段，黑客会编写一些看似"合法"的程序，但实际上此程序隐藏有其他非法功能，比如一个外表看似是一个有趣的小游戏的程序，但其实你运行的同时它在后台为黑客创建了一条访问系统的通道，这就是特洛伊木马程序。

当然,只有当用户运行了木马程序后才会达到攻击的效果,所以黑客会把它上传到一些站点引诱用户下载,或者用 E-mail 寄给用户并编造各种理由骗用户运行它,当用户运行此软件后,该软件会悄悄执行它的非法功能。

跟踪用户的计算机操作,记录用户输入的口令、上网账号等敏感信息,并把它们发送到黑客指定的电子信箱。像冰河、灰鸽子这类功能强大的远程控制木马,黑客可以用来像在本地操作一样地远程操控用户的计算机。

3）漏洞攻击

像 IE、Firefox 等浏览器以及操作系统中都包含了很多可以被黑客利用的漏洞,特别是在用户不及时安装系统补丁的情况下,黑客就会利用这些漏洞在用户不知不觉中自动下载恶意软件代码(称为隐蔽式下载),从而造成信息的窃取。如果存在漏洞或者服务器管理配置错误,IIS 和 Apache 等 Web 服务器也经常是黑客攻击的对象。

利用漏洞攻击是黑客攻击中最容易得逞的方法。特别是其中的一些缓冲区溢出漏洞,利用这些缓冲区溢出漏洞,黑客不但可以通过发送特殊的数据包来使服务或系统瘫痪,甚至可以精确地控制溢出后在堆栈中写入的代码,以使其能执行黑客的任意命令,从而进入并控制系统。这就要求网站管理人员定期对网站服务器进行安全的全面检查,以修复服务器漏洞,同时更正服务器错误配置问题,应及时安装系统补丁,防范针对漏洞的攻击。同时,管理员还要了解不同客户端的相关安全信息,从而做好防范工作。

4）拒绝服务攻击

拒绝服务攻击是一种最悠久也是最常见的攻击形式,它利用 TCP/IP 协议的缺陷,将提供服务的网络资源耗尽,导致网络不能提供正常服务,是一种对网络危害巨大的恶意攻击。

严格来说,拒绝服务攻击并不是某一种具体的攻击方式,而是攻击所表现出来的结果,最终使得目标系统因遭受某种程度的破坏而不能继续提供正常的服务,甚至导致物理上的瘫痪或崩溃。拒绝服务攻击方法可以是单一的手段,也可以是多种方式的组合利用,不过其结果都是一样的,即合法的用户无法访问所需信息。

5）欺骗攻击

常见的黑客欺骗攻击方法有 IP 欺骗攻击、电子邮件欺骗攻击、网页欺骗攻击等。

（1）IP 欺骗攻击。黑客改变自己的 IP 地址,伪装成别人计算机的 IP 地址来获得信息或者得到特权。

（2）电子邮件欺骗攻击。黑客向某位用户发了一封电子邮件,并且修改了邮件头信息(使得邮件地址看上去和这个系统管理员的邮件地址完全相同),信中他冒称自己是系统管理员,由于系统服务器故障导致部分用户数据丢失,要求该用户把他的个人信息马上用 E-mail 回复给他,从而窃取到用户信息。

（3）网页欺骗攻击。黑客将某个站点的网页都复制下来,然后修改其链接,使得用户访问这些链接时先经过黑客控制的主机,然后黑客会想方设法让用户访问这个修改后的网页,他则监控用户整个 HTTP 请求过程,窃取用户的账号和口令等信息,甚至假冒用户给服务器发送和接收数据。

6）嗅探攻击

要了解嗅探攻击方法，先要知道它的原理：网络的一个特点就是数据总是在流动中，当数据从网络的一台计算机到另一台计算机时，通常会经过大量不同的网络设备，在传输过程中，有人可能会通过特殊的设备（嗅探器，有硬件和软件两种）捕获这些传输网络数据的报文。

嗅探攻击主要有以下两种途径。

（1）针对简单的采用集线器（Hub）连接的局域网，黑客只要能把嗅探器安装到这个网络中的任何一台计算机上就可以实现对整个局域网的侦听，这是因为共享 Hub 获得一个子网内需要接收的数据时，并不是直接发送到指定主机，而是通过广播方式发送到每台计算机。正常情况下，数据接收的目标计算机会处理该数据，而其他非接收者的计算机就会过滤这些数据，但安装了嗅探器的计算机则会接收所有数据。

（2）针对交换网络的。由于交换网络的数据是从一台计算机发送到预定的计算机，而不是广播的，所以黑客必须将嗅探器放到像网关服务器、路由器这样的设备上才能监听到网络上的数据，当然这比较困难，但一旦成功就能够获得整个网段的所有用户账号和口令，所以黑客还是会通过其他种种攻击手段来实现它，如通过木马方式将嗅探器发给某个网络管理员，使其不自觉地为攻击者进行安装。

7）会话劫持攻击

假设某黑客在暗地里等待着某位合法用户通过 Telnet 远程登录到一台服务器上，当这位用户成功地提交密码后，这个黑客就开始接管该用户当前的会话并摇身变成了这位用户，这就是会话劫持攻击（Session）。在一次正常的通信过程中，黑客作为第三方参与到其中，或者是在数据流（如基于 TCP 的会话）里注射额外的信息，或者是将双方的通信模式暗中改变，即从直接联系变成有黑客联系。

会话劫持是一种结合了嗅探以及欺骗技术在内的攻击手段，最常见的是 TCP 会话劫持，像 HTTP、FTP、Telnet 都可能被进行会话劫持。

8）在网站上广泛使用移动代码

在浏览器中禁用 JavaScript、Java Applets、.NET 应用、Flash 或 ActiveX 是一个不错的办法，因为这些脚本或程序都会自动在计算机上执行，但如果禁用这些功能，有些网站可能无法正常浏览。这其中有一种称为"跨站脚本攻击（Cross-Site Scripting，XSS）"的方法。攻击者在网页上发布包含攻击性代码的数据，当浏览者看到此网页时，特定的脚本就会以浏览者用户的身份和权限来执行。通过 XSS 可以比较容易地修改用户数据、窃取用户信息以及造成其他类型的攻击。

任何接收用户输入的 Web 应用，如博客、论坛、评论等，都可能会在无意中接收恶意代码，而这些恶意代码可以被返回给其他用户，除非用户的输入被检查确认为恶意代码。在网站设计开始时，网站设计人员就应考虑这些问题。

9）Cookie 攻击

通过 JavaScript 非常容易访问到当前网站的 Cookie。打开一个网站后，在浏览器地址栏中输入 javascript：alert(doucment.cookie)，假如这个网站使用了 Cookie，就立刻可以看到当前站点的 Cookie。攻击者可以利用这个特性来取得网站的一些关键信息。

如果和 XSS 攻击相配合,攻击者就可以在用户的浏览器上执行特定的 JavaScript 脚本,取得浏览器中的 Cookie,这时如果此网站仅依赖 Cookie 来验证用户身份,那么攻击者就可以假冒用户的身份来做坏事了。

现在多数浏览器都支持在 Cookie 上打上 HttpOnly 的标记,凡有此标记的 Cookie 就无法通过 JavaScript 来取得,从而大大增强 Cookie 的安全性。

10) 跨站请求伪造攻击(CSRF)

跨站请求伪造(Cross-Site Request Forgery,CSRF)是另一种常见的攻击。攻击者通过各种方法伪造一个请求,模仿用户提交表单的行为,从而达到修改用户的数据,或者执行特定任务的目的。为了假冒用户的身份,CSRF 攻击常常和 XSS 攻击配合起来做,但也可以通过其他手段(如诱使用户单击一个包含攻击的链接)完成。

解决的思路有以下几个。

(1) 采用 POST 请求,增加攻击的难度。用户单击一个链接就可以发起 GET 类型的请求。而 POST 请求相对比较难,攻击者往往需要借助 JavaScript 才能实现。

(2) 对请求进行认证,确保该请求确实是用户本人填写表单并提交的,而不是第三者伪造的。具体可以在会话中增加 Token,确保看到信息和提交信息的是同一个人。

9.3.2　防病毒管理

1. 计算机病毒

计算机病毒是一种计算机程序,是一段可执行的指令代码。就像生物病毒一样,计算机病毒有独特的复制能力,可以很快地蔓延,又非常难以根除。计算机病毒通常与所在的系统网络环境配合起来对系统进行破坏。它具有很强的传染性、一定潜伏性、特定触发性和很大破坏性。

计算机病毒会通过各种渠道从已被感染的计算机扩散到未被感染的计算机,在某些情况下造成被感染的计算机工作失常甚至瘫痪。

计算机病毒一般不用专用检测程序是检查不出来的,它可能存在于计算机中并不发作,而一旦触发条件得到满足,计算机病毒就会发作,严重地破坏系统的操作,如格式化磁盘、删除磁盘文件、对数据文件进行加密、封锁键盘及使系统死机等。它的触发条件可能是时间、日期、文件类型或某些特定数据等。

2. 典型的计算机病毒

1) 木马程序

木马程序全称为特洛伊木马,是指潜伏在计算机中,由外部用户控制以窃取本机信息或者控制权的程序。大多数木马程序都有恶意企图,如盗取 QQ 账号、游戏账号、银行账号等,还会带来占用系统资源、降低计算机效率、危害本机信息数据的安全等一系列问题,甚至会将本机作为攻击其他计算机的工具。

木马程序的传播方式可分为以下几种方式。

(1) 通过邮件附件、程序下载等形式进行传播,因此用户不要随意下载或使用来历不明的程序。

（2）木马程序可伪装成某一网站用户登录页的界面形式以骗取用户输入个人信息，从而获得他人合法账户信息的目的。

（3）木马程序可通过攻击系统安全漏洞传播木马，如黑客可使用专门的黑客工具来传播木马。

2）蠕虫病毒

蠕虫病毒是一种常见的计算机病毒。它利用网络和电子邮件进行复制和传播。一旦感染蠕虫病毒，就可能产生两种恶果：一种是面对大规模计算机网络发动拒绝服务；另一种是针对个人用户执行大量垃圾代码。当蠕虫病毒形成规模，传播速度过快时会极大地消耗网络资源导致大面积网络拥塞甚至瘫痪。

蠕虫病毒的传染目标是互联网内的所有计算机。局域网条件下的共享文件夹、电子邮件、网络中的恶意网页以及大量存在着漏洞的服务器等都是蠕虫传播的途径。

Mydoom 邮件病毒、Nimda 病毒、冲击波、爱虫等病毒都属于蠕虫病毒。

3）CIH 病毒

CIH 病毒属于文件型病毒，只感染 Windows 9X 操作系统下的可执行文件。当受感染的.exe 文件执行后，该病毒便驻留在内存中，并感染所接触到的其他 PE（Portable Executable）格式执行程序。

随着技术更新的频率越来越快，主板生产厂商使用 EPROM 来做 BIOS 的存储器，这是一种可擦写的 ROM。通常所说的 BIOS 升级就是借助特殊程序修改 ROM 中 BIOS 里的固化程序。采用这种可擦写的 EPROM，虽然方便了用户及时对 BIOS 进行升级处理，但同时也给病毒带来了可乘之机。CIH 的破坏性在于它会攻击 BIOS、覆盖硬盘、进入 Windows 内核，取得核心级控制权。

3. 计算机反病毒技术

杀病毒必须先搜集到病毒样本，使其成为已知病毒，然后剖析病毒，再将病毒传染的过程准确地颠倒过来，使被感染的计算机恢复原状。因此可以看出，一方面计算机病毒是不可灭绝的，另一方面病毒也并不可怕，世界上没有杀不掉的病毒。

从具体实现技术的角度，常用的反病毒技术有以下几种。

1）病毒代码扫描法

将新发现的病毒加以分析后根据其特征编成病毒代码，加入病毒特征库中。每当执行杀毒程序时，便立刻扫描程序文件，并与病毒代码比对，便能检测到是否有病毒。病毒代码扫描法速度快、效率高。使用特征码技术需要实现一些补充功能，如近来的压缩包、压缩可执行文件自动查杀技术。大多数防毒软件均采用这种方式，但是无法检测到未知的新病毒以及变种病毒。

2）人工智能陷阱

人工智能陷阱是一种监测计算机行为的常驻式扫描技术。它将所有病毒所产生的行为归纳起来，一旦发现内存的程序有任何不当行为，系统就会有所警觉，并告知用户。其优点是执行速度快、手续简便且可以检测到各种病毒；其缺点是程序设计困难且不容易考虑周全。

3）先知扫描法（Virus Instruction Code Emulation, VICE）

先知扫描法是继软件模拟技术后的一大突破。既然软件模拟可以建立一个保护模式下的 DOS 虚拟机器，模拟 CPU 动作并模拟执行程序以解开变体引擎病毒，那么类似的技术也可以用来分析一般程序检查可疑的病毒代码。因此，VICE 将工程师用来判断程序是否有病毒代码存在的方法，分析归纳成专家系统知识库，再利用软件工程的模拟技术（Software Emulation）假执行新的病毒，就可分析出新病毒代码对付以后的病毒。

先知扫描法技术是专门针对未知的计算机病毒所设计的，利用这种技术可以直接模拟 CPU 的动作来侦测出某些变种病毒的活动情况，并且研制出该病毒的病毒码。由于该技术较其他解毒技术严谨，对于比较复杂的程序在病毒代码比对上会耗费比较多的时间，所以该技术的应用不那么广泛。

4）主动内核技术（ActiveK）

主动内核技术是将已经开发的各种网络防病毒技术从源程序级嵌入操作系统或网络系统的内核中，实现网络防病毒产品与操作系统的无缝连接。这种技术可以保证网络防病毒模块从系统的底层内核与各种操作系统和应用环境密切协调，确保防毒操作不会伤及操作系统内核，同时确保杀灭病毒的功效。

9.3.3 数据库的安全防范

数据库是网站运营的基础和生存要素，无论是个人的网站还是企业网站，只要是初具规模且有一定用户的访问，都离不开数据库的支持。所以，如何保证数据库的安全是网站管理的重中之重。

由于网站采取的数据库不同，因此不同的数据库进行安全防范的方法也不一样。本节以前文讲过的 SQL Server 为例进行介绍。

1. 数据加密

SQL Server 使用 Tabular Data Stream 协议进行网络数据交换，如果不加密，所有的网络传输都是明文的，包括用户名、密码以及数据库内容等，因而能被人从网络中截取数据信息，这将会给数据库的安全带来巨大的威胁。所以，在条件允许的情况下尽量使用 SSL（安全套接层）来加密协议，当然这需要证书进行支持。

【小贴士】

SSL（Secure Socket Layer，安全套接层）协议位于 TCP/IP 协议与各种应用层协议之间，为数据通信提供安全支持。SSL 协议可分为两层：SSL 记录协议（SSL Record Protocol），它建立在可靠的传输协议（如 TCP）之上，为高层协议提供数据封装、压缩、加密等基本功能的支持；SSL 握手协议（SSL Handshake Protocol），它建立在 SSL 记录协议之上，用于在实际的数据传输开始前，通信双方进行身份认证、协商加密算法、交换加密密钥等。

2. 安全账号策略

由于网络数据库往往是面向多用户多访问的，用户不同，访问要求和访问权限也不一样。对于网站数据库来说,访问用户多种多样,按权限要求可将用户分为以下几种。

(1) 一般用户。

(2) 数据库系统管理员。

(3) 数据库管理员。

(4) 超级用户。

由于 SQL Server 不能更改超级用户 SA 的用户名称,也不能删除这个用户,所以,必须要对这个账号进行最强的保护,最好不要在数据库应用程序中使用 SA 账号,只有当没有其他方法登录到 SQL Server 实例时才启用 SA 用户。数据库管理员应新建立一个拥有与 SA 用户权限完全相同的超级用户来管理数据库。安全的账号策略还包括不要让管理员权限的账号泛滥。

3. 周期性备份数据库

备份数据库的内容在前面已经讲过,这里不再赘述。在 SQL Server 中可以使用数据库备份或者导出数据的方式在不影响数据库使用的前提下将数据库进行备份。使用数据库备份的方式将产生一个扩展名为 .bak 的文件,使用数据导出的方式可以将 SQL Server 数据库导出到其他格式的数据库(如 Access、Excel、文件等)。

9.4　网站升级

网站运营一段时间后,因为网络技术的发展以及网站服务器环境的改变,企业原有网站可能会出现兼容性、整体视觉、功能实现等方面的缺陷。此时进行网站升级服务,就可以迅速弥补以上不足。

【小贴士】

不要将网站升级与网站维护相混淆。这两者是不同层次的概念。

(1) 网站维护是对网站的内容做部分的、局部的、微小的修改和完善,它不改变网站的整体风格和主要功能。

(2) 网站升级是对网站整体的改造,是网站新的生命周期的开始。

9.4.1　进行网站升级的决定因素

网站升级是在网站发布之后,那么为什么网站管理方要对已经投入运营的网站进行升级呢? 对网站的升级是不是必要? 升级之后会对网站的使用带来哪些好处? 要回答这些问题,首先要了解决定网站升级的关键因素。

1. 网站访问速度

【案例 1】

2011 年 3 月,北京市公务员考试报名网站出现瘫痪事件。当时北京市公务员考试报名要求考生统一登录北京市人事考试网提交报考申请。由于报名首日报考超过 8205 万人次,"北京市公务员报名系统"一度出现难以登录的现象。为此,报名者须反复刷新尝试才能进行登录。对此,北京市人事考试中心建议考生错过上网高峰时间报名。要求考生尽量避免多人在同一台计算机上报名,如需多人使用同一台计算机,则应注意一人操作完毕并安全退出系统后,第二人方可开始报名。为此,有网友在微博上调侃"就算我是酱油党,也得给我个机会报上名呀!"

【案例2】

2013 年 8 月 20 日,美国亚马逊网站瘫痪了。当时美国及加拿大用户无法登录其网站,而这之前,在纽约、多伦多、旧金山等地的用户登录亚马逊网站时收到了报错信息。

亚马逊官方公司称:"我们的工程师正在寻找解决方案。"亚马逊并未对此消息进行置评。在此之前,纽约时报网站也曾被报道出现持续两小时的故障。

其实类似于上面网站瘫痪事件还有很多起,网站瘫痪对网站的影响极其重大。由于使用者不能及时登录网站完成自己必要的操作,造成使用者的损失。这样势必引起使用者对网站给予最差的评价,或许由于这样的事件发生,网站会有大量的用户流失。

网站瘫痪这样的案例提醒企业必须运维好自己的网站。

网站是基于硬件的,当网站的访问量大,硬件工作负载自然就会加大,由于发热或老化等问题会导致性能下降甚至失效,导致硬件上的自我保护性关闭或崩溃,从而使网站瘫痪。

目前大部分网站都跟后台的数据库有联系。无论使用 MSSQL、MySQL、Oracle 还是 Sybase 等数据库,其可负荷的并发用户操作(访问、检索、轮询等)的线程数是有限的,而当网站的数据库编程水平低(如代码逻辑错误或代码结构太过复杂没有优化)或数据库技术本身的缺陷(数据库系统自身的 BUG、结构的复杂程度、耗用系统资源的程度等)都会使数据库系统的可靠性进一步降低。当数据库的访问量过大,也会一时间造成网站的瘫痪。

网站瘫痪影响了网站的访问速度,造成网站使用体验差的现象。如果网站发生这样的现象,就说明网站管理方应找出发生此类现象的原因,对网站进行升级。

2. 网站业务功能

网站运营中首要的是用户数,只有用户数多的网站才有意义。对于开展电子商务的网站来说,交易量也是衡量网站建设优劣的重要指标。如果一个网站用户数很少或者交易量很低,这时网站管理方就要从网站业务功能考虑问题所在了。

(1) 目前的网站设计是否符合企业文化的要求?是否能体现公司形象?

(2) 目前的网站构架是否合理?能否完美展示公司资料和产品信息?

(3) 目前的网站是否符合当前进行网络优化推广的需求?如网站页面代码、URL 标准、站内连接是否合理规范?内容标题、关键字设置是否方便?

(4) 网站业务功能是否健全?是否配套了在线客服系统、网络营销分析系统等网络营销工具,是否能方便和访客客户交流,能否让用户时刻了解网站的现状?

一般可通过发放网站用户调查问卷等方式从用户处了解网站业务功能存在的问题,从搜索引擎优化以及网站流量统计与分析工具中找到答案。

当发现的确是由于网站业务功能的问题造成网站访问量低时,就应该通过网站升级的方式提升网站业务功能。

3. 网站并发访问的处理能力

当网站面对大量用户访问、出现高并发请求时,为了防止出现网站瘫痪的情况发生时,应使用高性能的服务器、高性能的数据库和 Web 容器以及高效率的编程语言应对。这在一定程度上意味着更大的投入,如果网站用户数量增多,而以前在网站的规划、设计和开发中并未使用上述应对措施,则应考虑进行网站升级。

4. 网站安全性和可靠性

在网站运营中,网站的安全性和可靠性是非常重要的,特别是开展电子商务的网站,由于涉及资金管理,如果安全性和可靠性发生问题,那后果是非常严重的。

【案例 3】

2015 年 5 月 28 日,携程网和艺龙网发生瘫痪事件。当日上午,携程网的网页版和手机 APP 均不能正常使用。携程 APP 主页虽然可以看到,但当用户点击进入携程网首页内的链接时,页面显示 404 报错,具体订票、订酒店则无法操作。据携程客服人员称,内网也无法操作。《法制晚报》微博图片称,携程的服务器数据在此次故障中全部遭受物理删除,且备份数据也无法使用。

当日下午,艺龙旅行网首页也无法正常访问,但网站其他页面及功能暂时正常。半小时后,网站首页恢复正常。后据艺龙网回复称,艺龙网首页不能正常访问是由于受到了流量攻击,艺龙对此已经报案。

类似的网站被黑客攻击的事件几乎每天都在发生,这就提醒企业,网站的安全性和可靠性问题不容小觑。如果网站发生过这样的情况,就要马上开展调查,找到网站被黑客攻击的原因,立刻进行弥补,通过网站升级的方式提高网站的安全性和可靠性。

【小贴士】

网站提高并发访问的处理能力可从以下几方面入手。

1. HTML 静态化

网站中,效率最高、消耗最小的就是静态化的 HTML 页面,因此应尽可能采用静态页面技术实现网站上的页面设计。但是对于大量内容并且频繁更新的网站,实际上是无法全部手动实现的,此时就可以使用信息发布系统(CMS),将站点的新闻等频道通过信息发布系统来管理和实现。

信息发布系统可以实现最简单的信息录入自动生成静态页面,还能具备频道管理、权限管理、自动抓取等功能,对于一个网站来说,拥有一套高效、可管理的 CMS 是必不可少的。

除了门户和信息发布类型的网站,对于交互性要求很高的社区类型网站来说,尽可能的静态化也是提高性能的必要手段,将社区内的帖子、文章进行实时的静态化、有更新时再重新静态化也是大量使用的策略,像 Mop 的大杂烩、网易社区等就使用了这样的策略。

同时，HTML 静态化也是某些缓存策略使用的手段，对于系统中频繁使用数据库查询但是内容更新很小的应用，可以考虑使用 HTML 静态化来实现。比如论坛中论坛的公用设置信息，这些信息可以进行后台管理并且存储在数据库中，这些虽然大量被前台程序调用，但是更新频率很小，可以考虑将这部分内容后台更新时进行静态化，从而避免了大量的数据库访问请求。

2. 图片服务器分离

对于 Web 服务器来说，不管是 Apache、IIS 还是其他容器，图片是最消耗资源的，在网站设计时应将图片与页面进行分离，这是多数大型网站都会采用的策略，即用独立的，甚至很多台的图片服务器来专门存储网页中的图片。这样的架构可以降低提供页面访问请求的服务器系统压力，并且可以保证系统不会因为图片问题而崩溃。

3. 数据库集群、库表散列

多数网站都要使用数据库，那么在面对大量访问时，数据库的瓶颈很快就能显现出来，这时一台数据库将很快无法满足应用，此时可使用数据库集群或者库表散列。

在数据库集群方面，很多数据库都有自己的解决方案，网站中使用了什么样的数据库，就要参考相应的解决方案来实施。

数据库集群由于在架构、成本、扩张性方面都会受到所采用数据库类型的限制，于是从应用程序的角度来考虑改善系统架构，库表散列是常用并且最有效的解决方案。

库表散列就是在应用程序中安装业务或应用功能时将数据库进行分离，不同的模块对应不同的数据库或者表，再按照一定的策略对某个页面或者功能进行更小的数据库散列，如用户表，按照用户 ID 进行表散列，这样就能够低成本地提升系统的性能并且有很好的可扩展性。

搜狐论坛采用以下架构：将论坛的用户、设置、帖子等信息进行数据库分离，然后对帖子、用户按照板块和 ID 进行散列数据库和表，最终可以在配置文件中进行简单的配置，便能让系统随时增加一台低成本的数据库来补充系统性能。

4. 缓存

缓存就是数据交换的缓冲区（称为 Cache），当某一硬件要读取数据时，会首先从缓存中查找需要的数据，如果找到了则直接执行，找不到则从内存中找。由于缓存的运行速度比内存快得多，故缓存的作用就是帮助硬件更快地运行。

网站中的缓存技术包括架构和网站程序开发两方面的缓存。

（1）架构方面的缓存，如 Apache 提供了自己的缓存模块，也可以使用外加的 Squid 模块进行缓存，这两种方式均可以有效地提高 Apache 的访问响应能力。

（2）网站程序开发方面的缓存，Linux 上提供的 Memory Cache 是常用的缓存接口，可以在 Web 开发中使用，比如用 Java 开发时就可以调用 MemoryCache 对一些数据进行缓存和通信共享，一些大型社区使用了这样的架构。另外，在使用 Web 语言开发时，各种语言基本都有自己的缓存模块和方法。

5. 镜像

镜像是大型网站常采用的提高性能和数据安全性的方式，镜像的技术可以解决不同网络接入商和地域带来的用户访问速度差异,比如 ChinaNet 和 EduNet 之间的差异就促使了很多网站在教育网内搭建镜像站点,数据进行定时更新或者实时更新。

6. 负载均衡

负载均衡将是大型网站解决高负荷访问和大量并发请求采用的高端解决办法。一个典型的使用负载均衡的策略就是,在软件或者硬件四层交换的基础上搭建 Squid 集群,这种思路在很多大型网站包括搜索引擎上被采用,这样的架构低成本、高性能还有很强的扩张性,随时往架构里增减节点都非常容易。使用这种技术主要在于升级硬件。

9.4.2 网站升级的内容

从上一节内容可以发现,网站升级应包括软件和硬件的升级。

1. 硬件平台的升级

当一个网站用户数量增加,访问量不断加大,网站规模也会随之不断扩大,对硬件要求也就越来越高。假如网站在创建时采用的是租用虚拟主机和空间的方式,应随着用户的增加不断提高网站流量和网站空间(可通过追加资金购买的方式解决)。但如果网站用户人数进一步增加,可能使用租用虚拟主机和空间的方式已经不适合网站的运营需要了。

此时可改为自购服务器或托管服务器的方式对网站进行升级服务,同时升级网络出口设备,进一步提升网站的出口带宽,如采取改变网站接入 Internet 的方式,使用速度更快的接入方式。注意随时提升硬件性能,做到网站的负载平衡。

2. Web 服务器软件升级

网站系统中的 Web 服务器软件有重要的功能和作用。它负责向用户发送用户提交的浏览器请求的文档,只有使用 Web 服务器,才能真正将网站文件变为网页,才能让用户看到他需要浏览的网页内容。

由于 Web 服务器软件随着版本的升级,其性能和安全性都会不断增强,因此,一个网站要提升其性能也应不断地升级网站系统所使用的 Web 服务器软件。

常用的 Web 服务器软件都会带有版本号,如微软的 IIS 最新版本是 8.5,Apache 的最新版本是 2.4。升级 Web 服务器软件时,可查看网站使用的 Web 服务器的版本号,对比最新的版本,然后按照相应的升级方法进行升级。

【小贴士】

Web 服务器软件的升级不可盲目,一定要注意其适用版本。比如 IIS,不同的版本可能适用于不同的 Windows 操作系统,要确保升级的 Web 服务器软件版本在当前使用的操作系统中可用。

同时,要注意使用 Web 服务器软件的正式版本,不要使用测试版的 Web 服务器。

使用前,最好先在测试机上对新版本的 Web 服务器软件进行体验,也可以查看网上别人对新版 Web 服务器软件的评价,以免新版有 Bug,造成网站运营出现问题。

3. 数据库升级

网站使用的数据库软件也会不断地进行升级,其版本号会越来越高。新版本的数据库软件可能性能更高,效率更快。为了提升网站的性能,就需要对网站数据库进行升级。升级数据库服务器的情况相较于升级 Web 服务器软件来说可能显得复杂一些。

由于网站的后台代码中可能存在操作数据库的语句,当数据库软件升级后,对某些数据的操作语句可能会发生变化,这样就要求修改网站后台的部分代码。因此,进行数据库升级前,应在本地对升级数据库的网站进行全面测试,确保网站没有因为升级数据库带来问题后再对网站真正升级。

4. 网站编程技术的升级

为了更好地为用户提供服务,网站需要不断改进界面并且提升服务功能,因此各种各样的网站新技术层出不穷。在网站升级中,可以不断地利用网站编程新技术升级网站。下面介绍两种网站编程技术。

1) Ajax

Ajax 是异步 JavaScript 和 XML(Asynchronous JavaScript and XML)的英文缩写,它是一种创建交互式网页应用的页面开发技术,它由 Jesse James Garrett 提出,而大力推广的是 Google,在 Google 发布的 Gmail、Google Suggest 等应用上都使用了 Ajax 技术。

在没有使用 Ajax 之前,Web 站点将强制用户进入"提交-等待-刷新页面"的步骤。传统的 Web 页面允许用户填写表单,并将表单提交给 Web 服务器,然后等待服务器对其进行处理。处理时间会由于要处理的数据的复杂程度不同而长短不定,处理完成后返回给客户端一个新的页面。

由于每次信息交互的处理都需要向服务器发送请求,处理的响应时间依赖于网络速率和服务器的运算能力,导致了客户端界面的响应比本地应用慢得多,用户需要等待比较长的时间才能看到结果,因此这种做法浪费了许多带宽和用户的时间。

使用 Ajax 技术就解决了这个问题,它提供与服务器异步通信的能力,从而使用户从"提交-等待-刷新页面"的步骤中解脱出来,使浏览器可以为用户提供更为自然的浏览体验。借助 Ajax 技术,在用户单击按钮时,使用 JavaScript 和 DHTML 等技术立即更新页面,同时向服务器发出异步请求,以执行更新或查询数据库的操作。

当结果返回时,可以使用 JavaScript 和 CSS 等技术更新部分页面,而不是刷新整个页面,这样可以大大降低用户等待响应的时间,甚至用户不知道浏览器正在与服务器通信,这使 Web 站点看起来像是即时响应的。

2) 图片水印技术

随着数字时代的到来,多媒体数字世界丰富多彩,如何保护这些数字产品的版权,就显得非常重要了。借鉴印刷品中水印的含义和功用,人们提出了类似的概念和技术保护数字图像、数字图片和数字音乐等多媒体数据,因此就产生了数字化水印的概念。

为了保护网站中图片的版权,防止被他人非法盗用,在图片传到网站上时,给这些图片加上一些标识信息,这种方法就是图片水印技术,使用这种方法既能够标识网站图片,起到保护图片版权的作用,又能很好地宣传网站。

　　图片水印技术一般分为两种类型：一种是普通水印技术；另一种是数字水印技术。

　　普通水印技术是将版权文字或信息附加到图片上，使水印标识与图片同时存在。当用户复制这幅图片时，连同水印标识一同复制，这样可以比较好地保护图片的版权。

　　数字水印技术是指用信号处理的方法在数字化的多媒体数据中嵌入隐蔽的标记，这种标记通常是不可见的，只有通过专用的检测器或阅读器才能提取。这样既不会影响用户正常浏览图片，也不易将水印标记从图片中去除，可以更好地保护图片的版权。

5. 网站功能的升级

　　当旧有的网站功能不能满足用户时或者网站管理方想给用户以新的使用体验，就需要对网站功能进行升级。网站功能的升级一般会涉及网站界面改变、增加新栏目或者减少旧栏目等。

　　由于原有用户不一定能适应新版的网站功能，因此，此种升级应在网站中保留旧版的功能，如在网站首页中增加一个"使用旧版"或"体验新版"的链接，让喜欢新旧版面功能的用户都可以按照自己喜欢的方式浏览网站。

9.4.3　网站升级的步骤

　　网站升级的步骤概括来说，就是"定位分析-网站诊断-营销分析-综合优化-整合推广"。具体来说，可按以下步骤进行。

　　(1) 对客户所在行业、客户本身进行深度分析。

　　(2) 对网站目标用户再次进行需求调查。由于在网站规划时已经进行过用户需求调查，但现在由于发布的网站用户量低或交易量少，因此需要重新对用户进行需求调查，找到网站问题所在。

　　(3) 对客户原有网站进行整体诊断和分析，并根据分析结果，简要制订网站诊断分析报告。原有的网站使用量低，肯定有其问题，这时就需要对原有的网站进行诊断，找出症结所在。

　　(4) 就目标用户需求调查与诊断分析报告和客户进行沟通协商，最后确定网站改版的整个方向与进行方式，全面确定网站改版整个流程与有效运行机制。

　　(5) 详细制订网站结构规划、内容定位，并在此基础上编写网站改版方案。

　　(6) 就具体实施方案与客户进行有效沟通，确定网站改版的各个具体细节。

　　(7) 根据网站改版实施方案，整合组织各部门人员，有效分配和整合资源，对改版项目进行全面的开发建设。

　　(8) 对开发整合后的网站成品，进行功能及运行性能的测试，并通过测试纠正开发过程中的偏差，将修正过后的网站移植入实际运营环境，继续进行整合测试，直至网站完全开放、发布。

　　(9) 针对改版后的网站进行用户满意度调查，及时修改纠正新版网站中不太合理或不足的地方，保证网站最大限度地满足目标用户的所有需求。

9.4.4 网站升级的注意事项

在网站升级的过程中应注意以下事项,否则可能给网站运营带来问题。

1. 网站升级的时间

由于网站升级极有可能对网站的正常访问产生影响,故应在访问人数最少的时间段进行升级。由于网站类型不同,网站流量大小的时段也不同,并没有一个严格的时间限制网站升级的时间。作为网站管理者来说,平时要注意网站数据的收集和利用,发现统计规律,尽量选择网站的访问量最低时进行升级。

同时,对网站升级要提前做好计划,至少在升级前一周在网站的显要位置进行告知。如果遇到紧急情况进行的升级是之前没有计划的,应在网站首页上进行提示。一般应在告知书上写明升级的结束时间。

2. 网站升级前要建立备份网站

网站升级前要对原网站进行备份,以便当新版网站出现问题后能够及时恢复旧网站。如果业务非常重要,不允许中断,可以先对原网站做一个镜像网站,把升级阶段的业务转移到镜像网站上去运营,等升级完成后再实现无缝迁移。

3. 网站升级的数据保护

在设计新数据库时,要考虑与原有数据库的兼容,尽量使用原数据库的功能。同时,由于旧网站中的数据库已经积累了大量有价值的历史数据,在网站升级后,原数据库中的数据应保留,而不应被删除。

4. 在网站内部设置版本号

由于网站不断地升级,为了区分网站不同的版本,应在网站内部设置版本号,这个版本号不需要用户知道,但作为网站管理方,应清楚地知道当前网站使用的是哪个版本,每个版本有哪些改进等。应撰写网站内部版本号的说明文档,以记录这些内容。

本章小结

本章主要介绍网站评价的方法、网站流量统计与分析的工具和方法、网站管理与维护的主要制度内容、网站安全防范的内容和方法以及网站升级。

网站评价中,需要使用主动和被动两种方法同时进行,主动的是向网站使用者发放调查,了解网站用户的真实需求和对网站的使用体验。被动的是利用搜索引擎、网站流量统计和分析工具对流量的各项指标进行分析,得出客观的数据,从而对网站的各项情况进行分析和总结。

网站发布投入使用后,要建立健全科学合理的网站管理制度,以保证网站的正常使用。特别是对日志管理制度、数据备份制度、权限制度等要严格执行。

网站管理方要熟悉日志管理、网站数据备份、数据库备份、网站操作权限等操作。

网站升级是网站规模扩大、网站人数增加的必然。应深刻理解网站升级的内容和步骤以及注意事项,确保网站在升级后能正常使用。

本章习题

1．什么是网站评价？

2．网站流量统计与分析有哪些工具？

3．如何使用量子恒道工具进行网站流量的统计与分析？

4．网站管理中要注意哪些问题？

5．网站与数据库如何进行备份和恢复？

6．网站为什么要升级？

7．网站升级有哪些内容？

8．网站升级时要注意哪些事项？

9．请对第 8 章第 4 题中网站推广的学院网站进行网站流量分析与统计，然后分析网站的运营情况，找出其不足。

参 考 文 献

[1] 杨威.网络工程设计与安装[M].北京：电子工业出版社,2003.
[2] 杨卫东.网络系统集成与工程设计[M].北京：科学出版社,2005.
[3] 肖永生.网络互联技术[M].北京：高等教育出版社,2006.
[4] 赵立群.计算机网络管理与安全[M].北京：清华大学出版社,2008.
[5] 温谦.HTML＋CSS网页设计与布局从入门到精通[M].北京：人民邮电出版社,2008.
[6] 张殿明,徐涛.网站规划建设与管理维护[M].北京：清华大学出版社,2008.
[7] 王达.Cisco/H3C交换机配置与管理完全手册[M].北京：中国水利水电出版社,2009.
[8] 丛书编委会.中小企业网站建设与管理(动态篇)[M].北京：电子工业出版社,2011.
[9] 刘志,佟晓,许银龙.网站策划师成长之路[M].北京：机械工业出版社,2011.
[10] 王达.路由器配置与管理完全手册[M].武汉：华中科技大学出版社,2011.
[11] 丛书编委会.中小企业网站建设与管理(静态篇)[M].北京：电子工业出版社,2011.
[12] 徐曦.网页制作与网站建设完全学习手册[M].北京：清华大学出版社,2012.
[13] 李海平.电子商务网站建设与管理实务[M].北京：中国水利水电出版社,2012.
[14] 刘晓晓.网络系统集成[M].北京：清华大学出版社,2012.
[15] 李京文.网站建设技术[M].北京：中国水利水电出版社,2012.
[16] 臧文科,胡坤融.网站建设与管理[M].北京：清华大学出版社,2012.
[17] 李建中.电子商务网站建设与管理[M].北京：清华大学出版社,2012.
[18] 何新起.网站建设与网页设计从入门到精通[M].北京：人民邮电出版社,2013.
[19] 徐洪祥,刘书江.网站建设与管理案例教程[M].北京：北京大学出版社,2013.
[20] 张晓景.网页色彩搭配设计师必备宝典[M].北京：清华大学出版社,2014.
[21] 梁露.中小企业建设与管理[M].北京：电子工业出版社,2014.
[22] 蔡永华.网站建设与网页设计制作[M].北京：清华大学出版社,2014.
[23] 胡秀娥.完全掌握网页设计和网站制作实用手册[M].北京：机械工业出版社,2014.
[24] 吴春明,邹显春.网页制作与网站建设[M].重庆：西南师江范大学出版社,2014.
[25] 张蓉.网页制作与网站建设宝典[M].北京：电子工业出版社,2014.
[26] 刘玉红.网站开发案例课堂：HTML5＋CSS3＋JavaScript网页设计案例课堂[M].北京：清华大学出版社,2015.
[27] 范生万,王敏.电子商务网站建设与管理[M].上海：华东师范大学出版社,2015.

参 考 网 站
[1] 设计网站大全 http://www.vipsheji.cn/.
[2] 21互联远程教育网 http://dx.21hulian.com/.
[3] 信息化在线 http://it.mie168.com/.
[4] 网易学院 http://design.yesky.com/.
[5] 中国教程网 http://bbs.jcwcn.com/.
[6] 百度、百度文库、搜狐、谷歌等网站.
[7] Kooboo CMS官方网站(含下载地址等) http://kooboo.com/.
[8] Kooboo CMS模板下载网站 http://sites.kooboo.com/.
[9] Kooboo CMS中文帮助文档 http://wiki.kooboo.com/?wiki＝Kooboo_CMS_Chinese_Document＃Kooboo_CMS.E6.8A.80.E6.9C.AF.E8.83.8C.E6.99.AF.